INTERNET THINKING
一本书读懂
互联网思维

庞晓龙◎编著

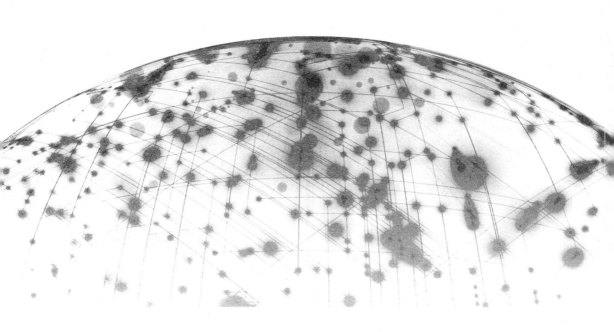

吉林出版集团有限责任公司

图书在版编目（CIP）数据

一本书读懂互联网思维／庞晓龙编著.—长春：
吉林出版集团有限责任公司，2014.11

ISBN 978-7-5534-5737-6

Ⅰ.①一… Ⅱ.①庞… Ⅲ.①互联网络—普及读物
Ⅳ.①TP393.4-49

中国版本图书馆CIP数据核字（2014）第225948号

一本书读懂互联网思维

编　　者	庞晓龙
策划编辑	李异鸣
特约编辑	周乔蒙
责任编辑	齐　琳　王　平
封面设计	上尚装帧
开　　本	787mm×1092mm　1/16
字　　数	167千字
印　　张	12.75
版　　次	2014年12月第1版
印　　次	2014年12月第1次印刷

出　　版	吉林出版集团有限责任公司
电　　话	总编办：010-63109269
	发行部：010-81282844
印　　刷	北京旭丰源印刷技术有限公司

ISBN 978-7-5534-5737-6　　　　　　定价：36.00元

　　如今的互联网仍在以惊人的速度发展，尤其是移动互联网，更是给各个企业、各个行业带来了无数的变数。那么企业要如何适应这样快速的变化呢？

　　纵观现在的互联网市场，企业传统的商业模式已经被颠覆了，现在的市场客户说了算，那么不管是传统企业也好，互联网企业也罢，该怎样来迎接这样的变化，重新占领市场？互联网的市场又会呈现出什么样的特点呢？

　　现在的互联网工具和企业越来越多，实力也越来越强，那么在竞争加剧的现在，传统企业要如何奋起转变为互联网时代的强者？新兴的互联网企业如何发展壮大，现有的互联网企业如何做大做强？现在的品牌建设和宣传手段，还是和过去一样吗，还是说要用新的手段？

　　QQ、微博、微信……让人们的生活沟通发生了翻天覆地的变化，也让企业与外界的沟通方式发生了彻底的改变，那么企业要如何利用好这些工具来为自己服务呢？大数据、云技术背景下的企业又要何去何从呢？

纵观现在的市场，行业壁垒就像是一道道马其诺防线，似有实无，互联网企业可以轻易地实现跨界，去传统行业打劫，那么互联网企业是如何做到的，传统企业要如何避免被打劫，进而也可以实现跨界呢？

腾讯、阿里巴巴、百度的商业帝国是如何建造的，它们的成功不可复制吗？如果想做到如同这些企业一样，又要做些什么呢？

想要解答这一系列问题，都要有一个最基本的前提，那就是企业要有互联网思维，要用新时代的思维去思考，否则一切都是空谈。想法都不对，做法又怎么可能对呢？本书从不同的角度，阐释了互联网思维的各个方面，用大量的案例，来诠释互联网思维，相信读者看了之后一定会有所收获。不足之处，请各位斧正！

目　录

第三章　体验与服务：产品还是服务，这是一个问题

第四章　简约并极致：专注中的力量，极致里的精神

第五章　跨界与打劫：如果你不跨界，互联网就打劫

第六章　免费与收费：免费为了收费，免费的是最好的

第七章　数据与云端：大数据大商业，放在云端的生活

第八章　营销与广告：新媒体新营销，重品牌重参与

第九章　社会化分享：排行榜的动力，朋友圈的魅力

第十章　粉丝经济：自媒体与信任力量，社群化口碑经济

第十一章　平台思维：搭建共赢平台，完善行业生态圈

第一章

趋势和挑战：若不懂互联网，你该怎么生活

互联网就像病毒一样，从一出现就开始迅速发展，现在人们的生活中，可以随处看到互联网的影子，未来的世界必然是互联网的世界，现在移动互联已经成为互联网的新宠，企业就要弄清楚现实，把握住机会，在移动互联的世界中，得到更好的发展。

移动互联：未来新的发展趋势

现在，如智能手机、平板电脑这样的移动智能设备正在以一个迅猛的速度增长，就像是侵入人体的病毒，未来的世界将被移动互联网所掌控，已经没有人会对这个结论产生异议。那么在以后的世界中，还会有行业脱离开互联网和移动互联网而独立存在吗？如果有的话，这些行业可获取更多的好处吗？答案是显而易见的，没有，肯定是没有的。

现在，就算是还有一些行业主要的运营模式不是互联网模式，但是，互联网给这些行业所带来的种种好处，是摆在眼前的。不过，如果他们想在未来的市场分一杯羹，就必须要把握住现在的互联网的好处，并且向互联网转型。

中国在2008年之后，市场就开始进入电子商务快速发展的时期，互联网也开始从传统的PC端互联网转变成移动互联网，发展的模式都差不多，还是沿袭了PC端发展模式，并且速度很快。时至今日，移动互联网已经把控中国的每一寸土地，而商机则变为了与移动互联网接触的各个移动终端。按照数据所反映的情况来看，2011年全年，中国的移动互联网的市值就超过了851亿元，比起上一年翻了一番，有相关的专家预言，从目前的状况来看，用不了几年，移动互联网就可以霸占中国所有的行业，其规模要比传统的PC还要大，甚至都有可能超过实体市场。

预言成真，只用了短短的两年时间，中国的互联网市场的规模就有了要超过实体市场的势头，这里所说的是PC端与移动互联的结合，而互联网市场的增长速度已经把实体市场远远甩在了后面。

进入移动互联时代，不仅是把使用互联网的人的数量拉了起来，而且还把用户的活跃指数提升了不少。因为移动终端的加入，使得PC端的短板得以弥补，这就使移动互联这个蛋糕的边界被无限放大。而要在这个很新鲜的市场里面抢夺先机，得到更多的蛋糕，各个行业的各个企业，都开始摸索并实施切实可行的模式与构架。

全新的商业平台的推出，都会使数不胜数的运营商趋之如鹜。而每个运营商只要可以摸索出移动互联的一个点，这个要可以对传统的商业构架进行改造，那么就可以无限延伸，创立新的模式构架。

有一家比较老的网游代理公司叫作九城游戏中心，它的转折点就是在2005年的时候抓住机会，成为了火爆的经典网游《魔兽世界》的代理商，而《魔兽世界》的成功也造就了它的成功。从2005年开始，仅仅是这款游戏的点卡销售额就从来没有低于过9000万元，而且这个数字还要大于实体卡一年的销售量。

而当九城公司与暴雪娱乐公司的合约到期以后，九城公司敏锐地捕捉到了市场变化的气息，加紧向移动互联市场进军，抢占市场，而且九城公司并不是转行去做别的，而是依托移动互联的模式，继续运作游戏产业，而对此所把握的商机就是依附于移动互联的各种新型的娱乐游戏，公司把自己的经营重点放在了游戏社交平台这个点上，而这个平台是可以兼容各个智能终端的，比如手机、平板等都可以，结果就是在主流的智能系统之上打造出各个游戏，刚上市就得到了巨大的反响，热门的手机游戏的注册用户甚至超过百万。现在的九城游戏已经成为融合主流智能系统的最大的游戏社交平台，旗下所涵盖的游戏就有几千款之多，而且拥有了几千万的注册用户。这就是九城公司新的盈利手段。

要想创造出一个前所未有的经营模式，就必须要有一个"导火索"。现在，移动互联就给了我们这样的机遇，这是身处于互联网的时代的我们所独有的优势，不过这样的优势还需要我们牢牢把握，否则就会白白流失。

现在的移动互联网，还是在按照传统的PC发展模式在高速发展，只不过移动互联的发展速度要远远超过当初的PC端，而且移动互联的规模还有人数超过PC端这是迟早的事情。那么基于这样的改变，所有处于传统模式当中的行业和企业也必须要有所改变。

未来的移动互联网市场对传统市场的冲击，并不局限于规模的增加，而是内容的改变，变得智能、高级、便利，未来的互联网市场无论是买还是卖，交易的方式会更便捷，服务自动化，而交易的完成也不会再有更多的束缚，或者称为无壁垒的自由交易，这些改变就已经把传统的市场模式都颠覆了，人们的生活也将随之改变，这些改变就是移动互联网市场冲击并蚕食传统市场的武器。身处于市场当中的各个行业以及企业就必须要应对这些改变，改变自己的价值取向，来迎合市场。通俗地讲，一个东西想要在以后的市场当中存活并有好的收益，就必须遵守未来市场的游戏规则，烙上移动互联的印记才可以，当然营销手段也要改变，传统的销售已经不适合未来的市场。

未来的市场走向就是移动互联，而移动互联给各个行业和企业带来的好处和变化都是显而易见的。我们现在也不用去费力地探讨哪个行业和企业还没有被移动互联占领，因为以后自然就会有显示，这些不去融入移动互联的企业或者行业，会给出实际的答案。

没有万年不变的经营模式，何况是现在

商场如战场，为了能够得到更多的利益，企业开始纷纷找寻一种规律性的东西，可以让企业一直保持盈利的状态，这是商业模式的最开始的动机。

而且在很短的时间内，这种规律性的东西就被找到了，而且被各个传统行业所使用，不仅让那些传统行业得到了好处，而且也让这些传统行业产生了"幻觉"认为自己的盈利模式没有错，这要按照这个路子走，就会有数不尽的好处。但是这也只是一时的错觉而已，随着时代的进步，市场的不断改变与发展，商业模式也是会过时进而被淘汰的，尤其是现在这样快节奏的社会变迁，还有移动互联的兴起，都让传统的经营理念与模式遭受到冲击，而且互联网也让传统经营模式的短板显露无遗。

那么改变的契机就是现在，时代和市场已经改变，如果不对现有的经营模式进行变革，那就会错失良机，而可以把握机会，对现在的模式进行再创造的企业，就会迅速得到回报，他们会为自己种下一棵"摇钱树"，与传统行业进行斗争，甚至在某个方面会做得更好。

电子商务就是在互联网模式下催生出一个典型的运营模式，它颠覆了传统的交易模式，给人们一种全新的感受，交易全部建立在互联网之上，更快捷，成本也更低，而且也可以让用户得到更好的体验、更多的好处，这样一来，就可以占领更多的市场。

作为电子商务的标志性企业，阿里巴巴就是这样崛起的，它打造出了一个全新的平台，目光瞄准所有的中小型企业，让它们以最小的成本得到最大的利润，从而支持自己的平台；更高端的天猫平台也是这样，利用互联网的优势，节约资源，降低成本，让顾客得到更多的实惠，从而让自己的市场份额不断扩大。

互联网确实可以给客户带来更多的好处，但是价格或者说这种好处绝不是互联网的单一模式，互联网带给客户的不单是更高"性价比"的产品，还有就是更好的客户体验，这就是互联网经营模式里面一个非常重要的环节——微营销。

新浪网，作为几大门户网站之一，它的品牌宣传就是六个字"看新闻，上新浪"。但就是这六个字成为新浪最好的广告。新闻由此成为新浪网的主营业务，也是新浪拓宽市场的一个排头兵。

既然作为新浪的主营业务，那么新浪的新闻也会有自己的独到之处，而这个独到之处就是，信息量大，并且快速、准确，把握第一手的资料，把新闻的时效性发挥到最大。

最能体现这种特色的行为，最早可以追溯到美英的"沙漠之狐"行动，那时候，新浪就捕捉到了先机，24小时不停地更新消息，之后的"9·11"事件，新浪更是神速，发布消息的时间比一些电视台还要快，还要准确，就是这样，新浪在新闻这个圈子里，算是打出了自己的招牌。

有了基础，接下来就是建设，在这个过程中，新浪依托互联网，坚持以客户满意为上的原则，创造出了属于自己的一个发展道路。

我们有一句话经常挂在嘴边，叫作"机会只留给有准备的人"。新浪就是这样，依托以前的基础，不断进取，不断创新，提升自己的核心竞争力。

新浪把它的触手伸向了互联网的方方面面，可以提供无线增值服务，还可以提供游戏及社区帮助，提供企业的相关信息、生活咨询、电子商务、微博等等，这些一个个的分支，组建成新浪的网络世界。

现在，新浪俨然就是一个海量的数据库，里面几乎可以搜索到人们有需求的所有信息，有了这些信息，人们就可以凭借其去做很多的事情，真正做到足不出户，遍览全球资讯。

除了海量的信息，新浪还得面对更多的用户的实际需求，比如在线交易、电子商务等等，这些都是保持客户群庞大的重要原因，也是新浪占据市场的有力"武器"，随着互联网的发展，它的经营模式被越来越多的企业和商人所模仿和借鉴。

新浪网的成功，所依靠的也是互联网所带来的长处，新浪依靠互联网的优势创造出了属于自己的经营模式，它明白自己有什么资源，这些资源能怎么最大化地利用，这样就可以给客户带来更好的体验和感受。

其实，在传统的经营模式下，也是很注意客户的感觉的，不过因为条件所限，不可能让每一笔买卖都做到完美，也不可能让每个客户在每次交易的时候都享受到良好的服务，电子商务的出现就弥补了这个缺陷，因为互联网没有什么限制，所以可以针对用户的需求有针对性地提供服务，而且这种有针对性的反应是非常迅速的，可以让客户有更好的交易体验和更便捷的服务。

而且电子商务的优势还在于成本，由于不需要实体资源，这些资金就可以节省下来，用在别的地方，比如用于技术研发、市场拓展、降价等等。这些行为就可以被看作是自有资金的进一步优化，这也是为什么互联网企业可以更高速发展的一个原因。

由此可以证明，互联网的优势在于能够不断地创新，让企业变得更完美，把电子商务的长处集合到一起，运用全新的营销方式和运营模式，把更多的合作者拉拢进来，让自己的规模不断扩大，这种情形，是传统模式所无法做到的。既然已经看到了未来的景象，那么传统行业的人就必须要赶快行动，否则就会灭亡。

未来的互联网形态就是：把一切连到一起

"以后就不会在把互联网和移动互联分开叫，因为二者将合一，移动互联就是互联网。" IDG公司的副总管在一次全球会议上这样说道。

这句话所传达出来的信息就是：未来的互联网，再也没有界限，可以通过任何智能终端去进行连接，进行操作。

现在所讲的传统互联网，还是指以台式电脑为终端的互联网（Internet1.0），但是随着科技的发展，智能手机、平板电脑将成为互联网的终端，这就是移动互联（Internet2.0）。

而最终的形态就是物联网的状态，就说所谓的"大互联"（Internet3.0），这是一种最终极的状态，再也没有终端的区分，每个人在任何时间、任何地点，用任何手段都可以上网，保持互动。

腾讯的开创者马化腾在内部的会议上强调："腾讯以后的产品不再有终端上面的区分，所有的终端将可以共享，产品将不再有终端上面的壁垒。"这句话，落实在了行动上，腾讯花费了一年的时间来调整各个产品，重组业务，只保留了必需的四个产品线，其他的部门都被划分到了相应的PC端的部门，就像是手机QQ被划分到了社交事业部。这就意味着以后腾讯的产品，都不会再有终端的限制，可以在任何终端上运行，这就是"大互联"的展现。

那么，再费力地探讨移动互联还是PC端的互联，其实都没有什么意义，因为在以后的时代，将不会再有这样的界限，而且在大互联的网络构架是基于移动互联的，那就拥有移动互联的属性，大互联的网络是未来的运营平台，所有的行业、企业、组织都将依此来进行活动，新的变革也将因此而生成。

互联网的革新，其实就是让人和人之间，人和机器之间的交流更加便捷、有效。

（1）Web1.0，门户时代。最主要的特征就是信息的表现，也就是一个单向的展示，从1997年到2002年，都处于这样的时期，最主要的代表就是几大门户网站。

（2）Web2.0，搜索／社交时代。这个时期的特征就是依照用户的需求来提供服务，可以进行人和人之间的交流，其中，方兴东创造的"博客中国"就是一个开端，这个时期的代表就是微博还有人人网这样的社交网站。

（3）Web3.0，大互联时代。这个时期的特点就是融合，不单是可以进行人与人的交流，还可以进行人机交流和各个终端之间的融合。这个时期的开始就是智能手机为终端的移动互联的出现，现在就是大互联时期的初始而已，真正发展成熟的3.0时代，就是一个以大数据还有云计算为主的互联网智能时代，那时的状态就是，每个人在任何时间、任何地点都可以上网交流，得到想要的服务，它的核心思想就是以人为本，从而创造出来的一个新的商业时代。

传统行业的重生法宝：新模式

信息技术的变革，让人们进入了一个新的互联网时代，在这样的环境下，互联网经济得以飞速发展，并给传统的行业造成了非常大的威胁，逼着传统行业做出改变。

而传统行业好像永远是在它们自己的红海之中互相搏杀，即使是为了很稀少的利润。面对这样的情形，有的人开始思考并建议要改变现在的商业模式，目的就是为了提高企业的效益，这样的想法得到了传统行业中人的支持，因为身处于传统行业之中的人们也想不出比改变更好的方法来解决现在的困境。

而传统行业想要改变，那就必须由内而外，先改变思想，把那些古老的思维丢弃，然后再思考新形势下新的经营模式，来迎合市场。

狭路相逢勇者胜，也同样适用于商场。面对新的形势与挑战，就要有信心和胆量对陈旧的思维与模式进行改变，如果没有这样的决心和勇气，那么改变也就无从谈起，有很多的企业在纠结这样的得失，但是也有一些企业，开始了新的征程。

有一家老牌的护肤品制造商，叫作A公司，它的目标人群就是年轻的女性，为她们设计并提供护肤产品，并且在很多城市都有自己的店铺，规模也不错，但是由于市场的竞争加剧，利润已经远不如以前。

这个时候，有的人建议，把自己的产品用互联网销售以适应现在的互联网市场，并在新的市场上占据自己的份额。

主管觉得这也是个办法，而且有道理，就开始对这个提议开展研究，最后决定拿出一些钱支持这个提案，并且建立了相关的小组，不过效果不是很好。

经过反思，主管觉得不是想法的问题，而是做法的问题，想要达到转变的目的，就必须要下定决心，大刀阔斧地进行改革，对现在的状况更好地把握，来应对市场的变化，以及满足市场变化对企业提出的新的要求，如果迫不得已，就得进行"二次创业"——把原来的一切重新审视并定位。

现在首先要解决的事情，是要了解客户的需求到底是什么，找到客户需求的空白，这样公司就可以立于不败之地，然后A公司以此为基点，展开行动，开始对市场进行深入调查。

不久，负责调查的员工发现，注意保养，并且开始重视美容的年轻女孩子越来越多，而这在传统的意识中应该是女孩子到了中年才会做的事情。数据结果很明显，现在的女孩子更想通过行之有效的手段保护自己的皮肤，舒缓自己的压力，让自己既漂亮又可以释放压力。

A公司就这个结论进行研究，最后准备在现有的店铺旁边在开设一个美容中心，里面的技师都聘用专业的人员，用自己的产品，在服务的同时为消费者介绍自己的产品。

这样的举措很快就有了回报，有很多客户上门询问，公司也适时地推出了很多优惠活动，这样的活动对年轻的女孩子来讲，是很有诱惑的，仅用了一个月，公司的收入就有明显增加，让A公司有了盼头……

我们所说的对现有的经营模式的破坏性创造，就是要重新审视客户价值、对现有的提供产品或服务的渠道进行改变，甚至改变收入来源，目的就是让品牌重新活起来。

很多企业不想去进行大的变动，担心自己投入了大量的人力物力财力，结果最后还是没有什么改变，这样的话，企业不是更亏。这样的想法也没错，确实存在这样的可能性，而且国内的大部分企业规模都经不住这样的冲击，如果真的失败了，公司可能就没了，但是，我们要思考如果不改变的话，也是慢性死亡，那么管理者该如何选择呢？

首先还是要针对市场，进行深入的调查研究，寻找商机，这是企业变革的保障。

看看A公司是怎么做的，它的目标群很清晰，就是年轻的女孩子，它对这些人进行调查，不光是看她们对产品如何选择，还得看她们的潜在购买意向，因为只有拿出与众不同的产品或服务，公司才能占得先机。

然后，还有三个问题是公司需要思考的，那就是公司的目标在哪里，需要做什么，要做到这些会有什么样的困难，公司是否为可能的失败做好准备。

当公司对市场的调查工作结束之后，立刻要做的是把数据的结果进行研究，探讨解决问题的对策。案例中的A公司，就是决定开一个美容中心在自己的店铺边上，然后使用自己的产品为客户提供服务。但是这样的措施也是有风险的，管理层也会意识到，如果客户不买账怎么办，客户源过少又怎么办？既然有了这些问题，就要有解决的对策，A公司的做法是，提高服务质量，提升客户的体验感受，以增加客户的信任度和满意度，利用口碑宣传，其次就是如果客户想接受白来的服务，就要先支付一定的成本，这笔钱对于公司来说，就是本钱，当然，要收取多少钱，还得另外进行计算。

企业在变革的时候，管理者就要想好，如果不成功，接下来怎么办，如果这个问题已经想好了，那么在进行变革的时候遇上的问题也就不算是问题了，因为对企业进行变革，必须要有足够的心理承受力，不可预见的事情比较多，风险也比较大。

在以前，说到企业创新，往往是在技术上有所突破，但是现在，创新点要更多地集中在经营模式上，互联网的经营模式存在很多变数，可以包容更多的东西，并且把这些整合在一起，形成一个有力的拳头，这也造就了互联网市场的快速崛起。

这种模式的创新，对于传统行业来讲，也有很重要的启示，看待一个企业的实力，就是看这个企业能否把价值链中的元素分开，重新组合。

这就是创造新的已经模式的另一个办法，把传统行业的价值链打散，将里面的要素重新审视并按照新的游戏规则重新排列，以让这种新的模式适应新的市场与环境，同时在这个模式下的元素都是新的，也就是与众不同的新的"武器"。

现在，依然有众多的企业把砝码放在新产品的研究还有新技术的革新上，这都是传统的创新方式，但是周期很长，风险也比较大，如果你研发的时间过多，很有可能就会错过市场，血本无归。

与其这样，还不如将目光放在企业的销售渠道上，比如信息平台、网络平台、市场平台和服务平台等这些方面，在这些地方下功夫，抛开传统思维，建立新的经营模式。

企业的管理层要想做出成绩，就得先摆正思想，把创新的想法带入产品，就像苹果推出的iPad，就是把产品研发的平台从传统的技术平台转到了概念平台。

要想创造一种新的经营模式，管理层就要对现有的模式进行解析，还要对互联网有所认识，然后再对现在有的资源进行重组，优化这些资源，从而让企业保持不败。

第二章

颠覆与重构：回归商业本质，紧跟用户需求

　　互联网的思维可以说是一种人性的思维，更注重人的价值，在互联网的世界中，客户变成了真正的上帝，以往的经营模式已经不再适用了，现在的企业要更加注重客户，真正把客户当上帝才好。

互联网思维——以人为本

互联网思维的生成，很大一部分原因是由于其生产力的属性，互联网的技术特性会影响互联网市场的逻辑思维。互联网的世界和传统的工业世界是不一样的，里面所存在的基本元素不一样就意味着传统的工业时代是供不应求的市场，资源都是有限的，而在互联网时代这种情况将完全被扭转，依据摩尔定律等相关理论，构成互联网的三个基本要素就是带宽、储存和服务器，而且在未来，这三个要素将无条件被企业使用，所以想要垄断互联网市场是不可能的。

还有，互联网是一个大的网络结构，由一个个节点构成，所以，互联网是没有中心点的，如果你愿意，可以把任何节点都当作中心点，这就是互联网的思维，完全的平等，没有权威或者说中心，这是互联网一个很重要的基本原则。

在互联网的世界中，个体和企业都是网络中的一个节点，至于这个节点的重要性，就由这个节点所连接的广度和密度所决定，越广越密，价值就越大，这就反映出信息社会的一个特点，信息的储量就是价值的储量。所以对外的交流就显得格外重要，闭门造车就是自讨苦吃。

因此，互联网的模式就是一个具有平等、开放特征的思维方式，这种思维方式的基础也是平等和开放。而这些特征是以人为本的最佳体现。这样来看，互联网的经济体系就是一个真正把人看重的体系，让人性回归于商业，让商业回归于人性，两者相融合的体系。

在农业文明的时期，最被看重的东西就是土地和农民，到了工业时代，这些东西就变成了资本和机器，还有工作在流水线上像机器一样的人。到了知识经济时期，最重要的资本又变成了数据和拥有知识的人，也就是所说的知识工作者。公司的管理也从层级式管理变为扁平的网络式管理，真正做到以人为本，让那些知识工作者去创造价值，成为一个组织甚至社会最紧要的事情。

互联网思维也堪比一次大的思想革命

人类经过的每次社会进步，作为代表的，不是物质的提高，也不是技术的飞越，而是思维的转变。一种新技术的产生，由最初单纯的技术到最后融入社会进而改变人们的生活及价值观，这期间所需要的时间是很长久的。就像是珍妮纺纱机一样，从最开始的技术，到后来的工业革命，再到最后影响世界的经济结构，这中间历经了几十年，互联网也要经历这样的步骤。

在14世纪的时候，由于经济的发展和市场发展，文艺复兴运动开始在意大利的各个地方生成，并且蔓延到西欧各国且有越演越烈之势。文艺复兴最主要的思想就是以人为本，把人的作用和人格摆在了重要的位置，提倡人们应该在现实中过着幸福的生活，并为了这种理想而努力；倡导人们应该有自己的个性，而所谓的神学思想是不科学的，是落后的，以人为本就意味着人才是世界的缔造者及主人。文艺复兴给科学与艺术带来了一次复生与变革，从而让欧洲走入了近代的历史。文艺复兴运动也被认为是中古时期与近代历史的分界线。马克思主义历史学家则把文艺复兴运动作为封建主义与资本主义的分界线。

现在的互联网变革和互联网模式下所产生的思维方式，就是由"产品经理"这样的人的思考所带来的。最明显的产品经理就是创造苹果的乔布斯。他的伟大之处并不是创造了了不起的物质发明，甚至个人电脑与智能手机也不是他创造出来的，他的伟大之处就是很好地诠释了"产品经理"这个角色，而且出色地运用了互联网思维。现在，互联网思维已经不光是用在互联网领域了，它就如同文艺复兴一样，在辐射整个社会，对这个时代都产生了巨大的影响。受到波及的也不单单是产品经理或者程序员，所有的传统行业都会被波及到，互联网思维将把所有的传统行业改变甚至颠覆，这种思维就是一种财富，会影响到社会的各个角落。

当今正是第三期工业革命的后期，也被称为"后工业化时代"，这就表明，工业时代渐渐被互联网所替代。工业时代的特点就是追求大规模生产和销售，基本以商家和企业为主，它们是产品和服务的主导，虽然也会由于市场变化而调整，但是周期非常长。然而在互联网时代，传统的销售活动已经变得无关紧要，企业会与消费者直接对话，消费者变成了产品和服务的主导，企业要针对消费者的需求提供更便宜、更快捷、更优质的产品和服务，"顾客就是上帝"的信条也不再仅仅定义在服务的终端，而是贯穿了企业的所有环节。

互联网的思维就是一种以人为本的思维方式。消费者变为了宣传信息的制造人和传播者，传统的广告、制造新产品等营销手段已经不再有效了，生产者与消费者的位置互换，在商品交易的活动中，消费者才是真正的主人。

当每一个巨大的技术变革刚刚出现的时候，人们都会对它期望过高，导致很多泡沫的现象产生，而到了中期，大众的重视程度降低，觉得以往的期望不会实现，但是事实是这些技术已经开始潜移默化的影响了局势的发展开来，当下，我们又处于什么时期呢？

用户价值至上

"把用户当作本源，其他的就会自然而来"（Focus on the user and all else will follow），这就是Google根据互联网特性总结的十大个性座右铭中的第一句。

我们看到的Google可能体现的是"不作恶"的思维，这也让我们印象深刻，但是把"用户当作本源"才是Google发展的基础。而重视用户的思想，不应该仅存于Google，而是应该存在于所有的企业，并把这个思维当作他们发展的基础。

其实重视用户的思想并不新鲜，几十年前，管理学大师彼得·德鲁克就在自己的著作《管理实践》中对企业生存的目标做出了说明："我们要想弄明白企业的本质是什么，就一定要先把企业为了什么而存在弄清楚。企业的目的肯定是脱离企业的，但由于企业在社会之中，那么它的目的又肯定是在社会里面，那么企业的目标就只有一个，就是制造客户。"

自主创业的人，往往会出现一个错误的判断，认为自己创业的源头不是为了满足用户的某种需求，而是为了满足自己的理想或者认为自己能够战胜所有的困难，完成不可能完成的事情。

而那些比较有资历的创业者，他们其实也清楚客户是非常重要的，但是在具体经营的时候，就会不自觉地把利润和效益看成最重要的东西。利润和效益是很重要的，但是这些数据也是用户制造出来的，因为只有客户有需求，并实施真正的购买行为，才能够把产品转化成利润，使产品变成商品。企业自己想生产什么是无关紧要的，客户需求是什么，他们想要的服务或者说产品是什么，这才是关键。客户才是企业的决定者，他们影响企业，影响企业的本质，产品，还有效益。

当然，话都是说出来很轻松，所谓"纸上谈兵"、"口若悬河"，但是真正做起来，都是需要一步步踏踏实实慢慢走出来的。

感性思维是重点

在很长一段时间里面，感性思维都是创业的禁区。这样说也有道理，因为在以前的时候，创业者要把心思都用在产品功能的思考上，企业经营流程的把控，对外的交流，这些都需要理性思维的支持，理性思维也就变成了创业有所突破的必备条件，甚至是唯一的要素。

但是在现在，仅仅是利用理性思维已经不行了，至少不会成就一个站在顶点的创业者或者企业。当下，创业者除了需要具备掌控企业的能力，还需要一双能看透人心的眼睛，能够揣摩出用户的心理。

1. 像女性一样感知

以前企业要了解客户，最常见的办法就是市场调研，依靠调查，还有调查得到的数据，进行分析，在物质缺乏的时期，工业时代，这样的方式是有效果的，因为那时候的人们的需求就是温饱、安全，更在意产品的效果还有价格。但是现在人们的需求已经不仅仅停留在温饱和安全，已经上升了一个高度，开始有交流、尊重和自我价值的实现这样的精神需求，这样的话，抽样调查也就没有什么意义了。

举个真实的案例：有个趣事，一家专门生产包的企业，由于要推出一款更适合女性的包，就让人去进行市场调研，市场调查人员察觉到，女孩子在从包里拿东西的时候很不方便，就显示出现在的女包可以进行改进，应该在里面添加更多的隔层。接下来，企业就理所应当地推出了一款隔层更多的女包，而且为此做了很多宣传，但是市场的反馈状况很一般，企业就开始向营销专家讨教，营销专家对市场进行研究发现，女孩子就是喜欢缓慢地从包里拿东西，这对她们来讲并不麻烦甚至还是种享受。

早些时候，有一本书，名字是《男人来自火星，女人来自金星》，试图把男女吵架的规律弄明白，里面写道，男人看起来很强悍，但是思维很直接，是典型的线性思维，而女人就不一样，是网状思维，呈发散状，想象力好。

因此，男人就弄不明白为什么女孩子在吵架的时候总是喜欢旧事重提，什么坏的词语都能想出来，就算是淑女吵起架来也像泼妇一样。

现在来分析一下，其实女孩子是这样的，她们通过极端的方法让男人在意自己。然后说出很多狠话，目的就只有一个，让男人知道，自己需要温柔的关怀。

反过来思考，其实女人也不明白男人吵架时候为什么会这样的表现，女人的思维就是，我把你和其他人相提并论，就是因为我在乎你而已！但是男人就会觉得，你总是说别人怎么怎么样，那为什么还和我好？

在互联网的环境下，现在的用户正变得越来越女性化。女性化也并不是一个不好的词语，只是说当人们的生存需求得到满足之后，就会有更多情感上的追求，希望产品可以给自己带来个人品位上的满足，那么，产品所蕴涵的情感越多，就会越受欢迎。而情感这个东西，只能去体会、感觉，不能用数字来解释。有一句俗语"客户就会挑毛病，其实他也弄不清楚自己到底需要的是什么"，说的就是这样现象。

还要说明的一点，这里所说的女性并不是指生理而言的，而是一种思想上的女性化，是潜意识中女性特征的思维，这种男女的性格，就如同左脑和右脑，理性与感性一样，就在潜意识当中，只不过外在表现的时候，总会有一个占据主导，男性思维就是这种主导，女性思维就成了潜意识思维。不过在现代社会中，随着自我意识的不断加强，还有越来越提倡个性，社会的主要的思维模式已经发生了转变。这个思维和每个人的环境，所拥有的物质条件都没什么关系，现在所谓的屌丝文化所提倡的"我不满意，我不在乎，我就是我"，就是明显的自我中心主义的思维模式。

女性思维天生就是偏向情感和体验的，好或者不好，痛快还是不痛快，没有复杂的逻辑判断，就是一种感觉而已，知道结果就好，不需要明白过程。

以前的营销手段是突出产品功能的独特性，卖点很明显，然后就是利用各种宣传渠道来进行产品宣传，最重要的方式就是广告，把产品卖了，营销也就完结了。但是现在看来，把东西卖出去还没有完，只是个起点而已，只有等到消费者说好的时候才是完结。

2. "放弃理性思维"

在实际当中，感性与理性看似不可融合。理性的人就生活在精准的计算当中，还认为自己很厉害，感性的人也对自己很满意，因为他们可以从微小的事情中得到启发。

不过如果是一个创业者的话，那么无论是哪种思维占据主导，他都要把两种思维模式掌握住，理性的思维让创业者做事情更精准，感性思维则使创业者感情更充沛。

发明微信的张小龙就是一个突出的例子。他有一篇名为《微信背后的产品观》的演讲，他的观点是，产品经理就应该运用感觉和感受，不应该依靠数字表格的计算，应该抛弃理性思维，产品经理要做一个文艺青年，而不是理性青年。要把产品经理这个职位做好，就要在极端现实与极端理想两种极端思维中取得平衡，然后把这两种思维融合在一起，把它们作为一个整体，剔除其中的矛盾，这样两种思维就不会再有冲突。

张小龙的想法看似极端，但是如果仔细思考，就可以发现，企业以前做出来的产品都太理性化了，都讲求精准，但是这种精密的逻辑还有理性的思维，造成的后果就是企业距离用户越来越远。放弃理性思维并不是说一点理性思维都不要，而是在理性思考的基础上，开发感性思维。这个要做到也不容易，但是只有做到这样，才可以拥有最佳产品经理应该拥有的素质——现实扭曲立场。

YCombinator的建立者保罗·格雷厄姆，被誉为是震动硅谷的人。他在得到哈佛大学的计算机博士学位以后，就到一所美术学院学画画，然后就开始穷困的艺术生活，在这之后，又重新回归本行，坐到电脑前面，创立了Viaweb，之后被雅虎收购。他的想法是程序员的工作性质与画家其实没有区别，都是在进行创造，那么就要求程序员的思维要和画家一样，能够考虑到使用的人的感受，这样才会做出完美的作品。

3. 懂自己，更要懂用户

在世上有两类非常优秀的产品经理，一类是了解自己，一类是了解客户。

如乔布斯这样的人就是前者，乔布斯是双鱼座的人，这让他更加具有艺术气质，他也如同摩西一样，是不世出的人物。他投入到产品中的热情还有自身的审美水准就标志着他做出来的产品就是完美的，是能够让客户痴迷的。在国内来寻找这样的人物，那就非魅族的创始人黄章莫属了，他也是有这样的气质，但是水准还达不到乔布斯那样，所以魅族还是魅族。

马化腾、张小龙、周鸿祎、雷军显然就都是后者。他们能够做到把自己幻想成一个用户，然后来得出用户的体验，并且能够做到在工程师和用户之间随意地进行角色的变更。当然，想要知道用户在想什么，除了敏锐的感觉，对人心理的把握，还需要去实际地了解。公认腾讯的产品做得好，看看马化腾平时在做什么就知道了，凌晨1点还在和客户互动，这就是能做好的原因。

做到的三点完成用户至上目标

遍观所有的营销理论，最简洁明快的就是2W1H模式，要想使用这个模型，就得弄明白三个问题，首先就是你的目标群是什么，其次这个目标群的需求是什么，第三需要做什么来满足目标群的这个需求。不仅是品牌的运营可以使用这个模式，所有销售企业的经营都可以套用这个模型：

Who，就是企业的目标群是什么（市场的定位）。

What，这个目标群的需求是什么（制定品牌以及设计产品）。

How，怎么去满足这个需求（满足客户的体验，计划实施）。

那么在互联网的时代背景下，企业又要怎样来诠释这三个问题呢？

从市场的角度来研究，要寻找合适的目标人群，互联网的特点之一就是长尾经济，那么企业就要多关注以下长尾人群，因此有个口号叫得屌丝者得天下，有道理的戏谑之言。

从产品的角度来摸索，要关注的就不单纯是目标人群关于产品功能的需求，更要关注目标人群的情感需要，要很明白地知道他们最主要的需求是什么，能做到感同身受。互联网的使用者，大部分都是年轻人，他们的群体特征就是很自我，爱憎分明，而且想被别人倾听，他们喜欢和厂家保持互动并参与品牌建设。因此，企业的品牌建设，离不开这些人，而且要让他们积极地参与进来，这就是所谓的卖的是参与的感觉。

就计划实行的角度来看，需要思考的就是用什么样的行动来满足客户的需求，互联网经济也是明显的体验经济，通俗地讲就是用户的感觉是最后的结果。因此，在品牌建设的各个环节，都要把客户的感受放在第一位，包括售前的询问、售后服务、产品的设计与外形的设计给人的感觉、交易的平台、广告等等，都可以影响客户的感受，那么在品牌建设的所有活动中，凡是与客户有交流的部分，都要把客户当作上帝。

企业改革要从领导开始

一个企业能取得怎么样的成绩取决于企业管理者的层次水平。这样看的话，一个企业的变革是否顺利，能不能把握市场，也要看管理者的预见性到底强不强。如果连管理者的思考方式都不能随着市场而改变，就更不要说企业的改变了。

新东方的俞敏洪曾经讲道："一个企业失败了，不是说企业做出了错误的决定。在当今的社会中，再明智的决定也会有失败的可能。因为以前的成功的经验，放在现在来看，已经过时了。原来的新东方成功靠的是个人，每个人的努力、能力，但是现在是互联网的时代，是移动技术的时代，依靠个人已经不行了。想要让新东方重生，就要转换成思维模式，不光是个人的思维模式，还有企业的思维模式，如果思维模式不改变，前面就是一个死字。"改变思维模式，对于企业来说确实很难过，但是没有办法，想要跟上时代的步伐，这是唯一出路。

华为可以经营这么长时间，而且还处于上升期，还在发展壮大，最主要的原因就是它的组织形态是具有自我意识的，可以自我审查，公司成长的动力来自公司。现在，没有一个企业不会去研究华为，所有的商学院都把华为当作典型的企业案例，甚至还要求成立专门研究华为的研究中心。华为走到顶点的时期正好碰上互联网泡沫的破碎，这时，管理者在内部为企业敲响了警钟，让企业的所有人建立危机意识，而这个举措，也让中国的IT行业开始对危机进行思考。华为的自我反省模式，也让这个企业中的每个人、每个机构都有了这样的一种思维，要接受变化，适应变化，这就是华为的企业文化，而且已经成为一种常态。

任正非言道，华为没有过去，在华为的所有的地方，都找不到任何能够反映过去面貌的东西，也看不到任正非的照片，也看不到任何中央领导视察的照片……危机意识创造了强大的企业，如果企业没有这样的危机意识，始终把目标放在远方，那么企业就是变得松散、安逸，这样的后果就是，在面对突如其来的灾难时会慌乱无策，甚至灭亡。我们所生活的就是一个弱肉强食的社会，危机时刻存在着。华为就是这样，时时刻刻在反思自己的不足，用创新去弥补不足，让自己变得更好，拥有足够的资产，可以让公司发展得更好，但是也不害怕创新会给企业造成打击。环境就是这样，变化的速度太快，三个月不前进，就要灭亡了。

创造"骆驼"这个品牌的万金刚，年近半百，他那个岁数的人基本都不很懂互联网，但是他就可以与年轻人一起，去参加互联网培训。他的态度是，首先要改变的就是管理者的想法和态度，过去的经验已经成为过去，不能总是停留在过去的美好，要去接受新鲜事物，去学习互联网的东西，互联网是一个飞速发展的东西，如果你慢了，很可能就会永远慢下去。他依照讲师的建议，重新组建了企业构架，来适应互联网的要求，组织结构也变成扁平式管理，去除了以前的层级模式，这样的改变，在双十一的时候得到了回馈，骆驼在那一天的销售额就是3.8亿元。

管理者一定要抛开传统的思维模式。不能故步自封，无论是哪个行业，哪个企业，所面临的环境都一样——快速变化的时期，思想保守就是失败的结局。

第三章

体验与服务：产品还是服务，这是一个问题

现在的互联网什么人最牛，有人可能说是有钱人，有权利的人，明星，大老板，都错，现在对于互联网企业来说，众"屌丝"才是最牛的人，如果不信，就来看看。

地位再低也有自己的追求

在中国，如果你是企业圈里的人，一定听说过这样一句话"得屌丝者得天下"。这句话就反映出中国市场的大众群体还是众屌丝，企业在进行产品设计或者服务开发的时候就不能单纯为了那些有钱、购买力强的小用户群，或者只是依据自己的喜好去开拓市场。还是要直面大的用户群，去考虑大众群体的需求，这样才能牢牢地占据市场，抓住商机。

在2013年的时候，有着中国"头号屌丝"名号的巨人总裁史玉柱，发表了一份"屌丝报告"，这个报告显示，中国可以作为屌丝的人数有惊人的5.26亿，中国每年游戏市场的价值可以有上百亿，其中九成以上的份额是屌丝们的，这就显示出屌丝也是不可小觑的。

随着移动互联的逐步完整，也有更多创业的人把目光聚焦到了众屌丝的身上，不管是市场定位，还是产品研发，就连挣钱的渠道统统都以屌丝群为核心。这也反映出互联网思维的特点——用户才是上帝。

互联网思维还有一个特性就是在看待事物的时候，从更多的方面去审视，看待屌丝的时候也是同样，从某个角度来说，屌丝是个不好的词语，但是换个角度来看，就能看出众屌丝才是市场的基础力量，他们的确是生活在社会的下层或者中层，但是他们的年纪很小，接受新鲜事物的能力也很强，对未来充满希望，因此他们成为市场的主人，是市场最主要的用户群体，而所谓的精英群，就是小范围的小股力量，与屌丝群相比，他们就是非主流。

互联网的主要使用者就是年轻人，只要我们把这些人的喜好、习惯、需求弄明白，再有针对性地制造合适的产品，就肯定可以占据市场，得到不错的反馈。

在2013年的时候，有两个非常受欢迎的手机游戏，一个是《我叫MT Online》一个是《找你妹》，它们的共同特点就是目标用户群都是众屌丝。

那么这两个游戏为什么会这么火，现在分别来剖析一下，先说说《找你妹》这款游戏，首先看名字，就是屌丝一族的，而且这个具有鲜明特点，让人一看就能记住的名字，就成了这款游戏最好的广告，很多用户都是冲着名字来的。再看看游戏内容，这款游戏的主角一改以往的高富帅、白富美的造型，而是采用了众多的丑星，在玩的时候还有各种的恶搞小段、粗俗的话语，但是这恰恰就是这款游戏的特点，也迎合了广大屌丝的口味，再上线之后很短的时间里，用户数量就达到了几千万。

《我叫MT Online》也是这样脱颖而出的，这款游戏的目标客户群与找你妹一样，都是众屌丝。这款游戏是来源于一款《我叫MT》的动画片，而游戏的场景就是经典的《魔兽世界》的场景，这样一搞，自然《魔兽世界》的玩家就要来捧场了，而且数据也反映出这个情况，最初的玩家中近九成是《魔兽世界》的玩家，这种情况一直到游戏成型，市场稳定之后才改变。

仔细看看就能看出，不止游戏行业是把众屌丝当作上帝，其他的行业和企业也有很多把屌丝当作上帝的，不管是金融地产，还是最便宜的网页游戏，都是这样。

说到金融，给人的印象都是高端，成功人士的象征，圈子里的人都是有钱人，很难想象这个行业会把手伸向屌丝群，事实是，就有这样的案例，最典型的就是阿里巴巴的余额宝，又被戏称为"屌丝基金"。会被这样叫，就是由于余额宝的门槛几乎为零，面向大众，就算是一块钱，也可以存到里面，等着吃利息，这样的做法，也让众屌丝能够开始理财，满足了他们理财的愿望，所以才会这么受欢迎，在短短的时间里，就有了千亿的资金，成为中国基金的老大。

现在静下心来思考一下，余额宝做得成功也是有原因的，淘宝最初的想法就是为众屌丝服务，尽可能地减少人们做买卖的成本，既然实体店成本很高，那就做成电子商务的交易平台，于是，阿里巴巴成功地把百万的店家拉进淘宝的阵营当中，并且还吸引到了几亿人的购买群体，成了中国规模最大的交易平台，甚至把人们的买东西的习惯都改变了，阿里巴巴也跻身到互联网企业的三甲之列。余额宝的推出，正是阿里巴巴互联网思维与金融行业融合之后催生出来的产品。

既然有高大上的行业，就得有上不了台面的小产业。我们经常有这样的烦恼，每次看视频的时候，前面总会有一堆的游戏广告，画面不怎么样，音乐不怎么样，介绍也不怎么样，就是硬生生地插在视频的前面，只要看视频的人点一下，网页游戏就出蹦出来，而且这些游戏的质量实在是很差，许多人看了之后就关了，甚至连看都不会看，而且会有这样的想法，这样的游戏有人玩吗？

事实是，这样的游戏真的有人玩，而且人数庞大，有数据表明，我国的网页游戏有几千种，玩游戏的人数更是达到6000多万，还有一个特点，就是这些游戏的主要玩家是8～14岁的人，从购买力上来讲，这些玩家是真正的屌丝，但不要小瞧了这些屌丝，网页游戏每年几十亿的利润都是他们贡献的，网页游戏的制作商赚钱的秘诀很简单，就是满足这类人群的需求。

就青少年来讲，他们平时玩电脑的时间比较少，也没办法真的去下载游戏或者去花钱注册账号，那么网页游戏这样的游戏正对他们的胃口，因为既不用下载，也不用安装，注册账号也简单得很，而游戏在集聚了比较多的人气之后，就可以去靠植入广告来挣钱，也不需要用户来直接买单，这么一搞就是多赢的局面，首先，网页游戏公司挣了钱，需要广告宣传的公司得到了更多的关注，用户还可以继续玩游戏，这就是互联网思维的标准表现。

从以上所说的内容来看，可以很容易看出来，这些产品的共同点就是研发的基础都是来源于用户的需求，产品的目的就是为了解决用户的需求，真正站在用户的层面去思考。

现在的很多企业都在叫嚷，说我们设计产品或服务的时候是考虑了用户的需求的，我们真的是为用户着想的，但是真的是这样吗，往往这些着想只是表面的东西，在传统的企业里面，交易的流程就是4个方面：市场调研——市场定位——产品设计——销售。

可是在当下，这样的思维已经不能适应市场的需要了，企业的管理者要从传统的工业管理者转变为数字管理者，因为数字时代，企业要做的不单是制造产品，更是要提供服务。

以前的企业也会把用户为核心的想法当作企业的信条，不过这种信条就只是说说而已。但是现在的市场的主导权已经转移到了消费者手上，那么以客户为核心就是企业必须要接受的事实。只有运用互联网的思维模式，真诚地去为客户着想，去体会客户的感受，设计出来的产品或者提供的服务才会得到客户的认可，才能赢得市场，得到众屌丝的支持。

俘获大众才是王道

如果企业想把互联网的用户群弄明白，首要目标就是那些被称为屌丝的人还有由他们这些人组成的屌丝群。

屌丝这个词的由来，最早的出处是百度贴吧。这个称呼是一个贴吧对另一个贴吧的恶搞叫法。当初谁也不会想到，就是一时的恶搞，让这个词火遍整个互联网，成了一个群体的称呼。

每一个时代都会造就两种人出来，一种就是我们所谓的成功人士，他们事业有成，活得自由自在，而另一种人，面对的则是重重压力，郁郁不得志，但是这类人也是有自己的理想和追求，他们渴望被关注，所以他们用与传统对立的方式，来证明自己的存在，渐渐地就成了一类被贴上坏标签的人群，这类人也是有明显的共性的。

首先，屌丝是互联网时代下的产物，而且也是非大众群体的名片。互联网的世界有一个独特的地方，就是互联网的世界是无中心的网状结构，虽然一切都是虚拟的，但是却因此正看重真实，把生活简单化，显得更自由、更无拘无束。现实生活中存在的壁垒，比如各种条条框框，各种压力，还有各种控制的层级结构，在互联网的世界里面，是根本不会存在的，甚至调侃的就是这些东西。因此，互联网就成了非主流最好的栖息地。

默多克曾经有一次说道，自己是后来才进入数字世界的，女儿是一开始就生活在数字世界，后来进入数字世界的人，他们的思维最擅长的还是现实世界里面的东西，而网络世界的生活，他们就搞不明白，这就是很多人不理解，互联网的人为什么会自嘲、自讽，和传统格格不入的原因。

其实外人眼中的屌丝，对屌丝的评价，并不很准确，屌丝文化，也是一种社会变革中需要存在的声音，他们也需要生存的空间，的确，他们不属于主流的价值观，甚至还在和传统做抗争，但是只有这样社会才能进步呀，屌丝们确实没有很高的地位、很高的收入、优异的生活，但是他们主导了网络世界，在网络世界里面，他们可以很轻松地将传统或主流击得粉碎。

其实屌丝的出现，正是不同文化相互融合的一个契机。

不想逆袭的不是真"屌丝"。

没错，屌丝的生活就是很差，但是众屌丝也有自己的理想和追求，就好比"迷惘的一代"，或者"没有希望的一代"，在后来的社会中，他们证明，他们才是支撑起社会的中坚力量，他们只是暂时地失意，认清现实但是不会认命，永远向前，充满活力，这才是真正的屌丝。

李毅，是屌丝的偶像人物，现在任某足球队的助理教练，在任教之前是国家队的主力前锋。他从一个资质平庸的少年，最终变成了国足主力，很好地诠释了屌丝是怎样逆袭的。李毅作为屌丝中的明星，自然也是颇有屌丝气息，在外人面前就把自己说得一无是处，自己也不在乎，反正已经这样了，然后再努力，有了成绩就是赚了，没有也不在意，反正已经差到无极限了，这就是众屌丝生活的心态吧，得了就是赚，不得也无妨，心态要好。

屌丝，是新商业的主流人群。

在2013年的时候，有一个金融的会议，清华大学金融学院的副院长廖理就说到曾经让他的学生去试验余额宝这个产品，存了1000元进去，第二天赚了一毛八，底下的人都笑了，但是就是这不起眼的一毛八，就用了半年，就席卷整个基金行业，吸收了千亿资金，发展了几千万用户，旗下的一只基金原来年年亏损，而现在是国内最牛的国币基金。

余额宝的成功就来源于众屌丝的支持，这款在屌丝眼中的理财神器，其实最开始的设想就是来给屌丝服务的，仔细看余额宝的资金，虽然数量庞大，但是用户群也很庞大，平均算下来，每个客户的钱也不过区区几千块，放在传统的基金公司，很可能人家都不理你，因为赚的很可能还收不回成本呢。

余额宝的出现，带给整个金融业一次大的冲击，同时也展现出互联网的巨大优势，还有屌丝一族的强大力量，虽然每一个屌丝的经济实力都不行，但是聚集在一起就非常恐怖了，这也是互联网世界经常可以见到的事情。

就拿百度、腾讯、阿里巴巴互联网三巨头来说，百度有它的贴吧，作为用户群的支撑，在微博、微信成气候之前，贴吧才是互联网社区的老大，阿里巴巴就不用说了，淘宝里面可是有几百万的店铺呢，QQ就更不用废话了，光空间就有几亿个，如果利用空间销售，小米的手机要卖出100万的销售量也就是30分钟的事。

还有其他诸如六间房、9158等网站，它们能够快速地占据市场，获得成功，就是因为它们满足了屌丝一族的需求。史玉柱也自称屌丝，就是由于巨人游戏的衣食父母就是这些屌丝呀。

在以前的时候，人们花钱很大程度上是满足自己的虚荣心，去炫耀，那么就会去追求高档、大气，不怕花钱，那么企业也就很自然的制定出高端大气的产品，让消费者看起来与众不同，品味非凡。但是这种价值观，是众屌丝所不屑的，认为这就是在卖弄，如果你本身不是上层人，却硬生生地把自己打造成那种人，那就只会遭到屌丝一族的耻笑而已。像史玉柱那种人，都肯降低身价，来与屌丝们互动，就能显示出屌丝一族的实力，如今的市场真的是得屌丝者得天下。

　　用互联网的思维来审视屌丝现象，其实就是一种长尾经济，虽然个体的购买实力不行，但是数量太大了，完全可以弥补个体购买力的不足，最终使整体的购买力变得很强大。根据数据显示，中国的屌丝人群数量达到5.26亿，这个数字就显示，中国近半的人都是屌丝。

用户体验就是要有感觉

何为实实在在的用户体验？好多人都知道这个词，但是却没有几个人真的了解这个词。企业应该去好好反思一下，真的是为了用户着想去开发产品或者提供服务吗？真的了解客户从买东西开始到使用商品之后，这中间的所有感受和做法吗？真的了解客户需要什么吗？企业还可以为客户做些什么，除了提供产品满足他们的需要。

用户的体验是一种感觉，是客户在整个购买行为中所感受到的感觉。如果想让客户有好的感觉，就要把工作做细，注重细节，并且让客户感觉到企业的体贴，这种意外的惊喜，这样好的用户体验才是客户想要的。

打个比方说，人们在看网页的时候，不管他上网做什么，看微博也好，购物也好，都要有一个固定动作，那就是来回翻页，因此有人就琢磨出了一套新的看网页的方式就是像瀑布一样，页面不断地向下滚动，不断更新，没有了页面的存在，都在一页上呈现，这样，用户也就不用来回切换，就避免了麻烦，这个例子就是制作网页的人根据客户感受做出的改进，让客户更方便快捷地使用。

"1号店"，网购的人都很熟悉的一个名字，它可以抢占市场，取得成功，最关键的原因就两个，一个是供应链的改进，一个是注重客户的感受。

1号店的具体做法首先就是让直面用户的员工去进行客户感受的优化。最早的时候，就是创建客服部的主管亲自给客服培训，让他们去站在客户的角度来思考问题，甚至是站在公司的对立的一端来想。

其次，员工的绩效中添加客户体验的评价，在进行绩效的时候，聘请专业的第三方机构来对客户进行调查，看他们的感觉如何，然后把每个员工的绩效奖金都与客户的感受挂钩，如果客户的感觉好，员工就能拿到绩效奖金，反之就拿不到，甚至要扣钱。

第三，制定相关的制度来梳理客户的反馈并进行解决。每周都会有周会，在周会上，一开始就是听客户的反馈声音，展示客户感受的调查结果，把客户觉得不满的地方拿到桌面上来讨论，让所有的人知道还有什么地方做得不够好，1号店的所有高管，都要有一个固定的时间，去实际地干仓储、配送、客服的工作，然后针对自己的亲身体验所发现的问题提出解决方案。

把客户的感觉纳入绩效考核，这样的做法，传统的企业都可以学一学。在企业销售和服务的流程中，哪一方面是客户看重的，那么这一方面就是企业需要关注的，这些方面做得怎么样，怎么改进，未来怎么做得更好，都是企业需要思考的问题。

创立360的周鸿祎曾经说道："用户在买了或者得到企业的产品以后，企业与客户的交流才刚开始，企业巴不得以产品为桥梁，让客户时时刻刻都了解到企业的动态，知道企业的事情，感受你的价值。"

用户的不同感受，这是互联网与传统行业最大的不同，也是互联网占领传统市场的最大武器。

怎样做好用户体验

1. 一切为了打造用户体验

创立一个品牌其实就是在创造一个良好的用户体验。整个流程的一切产品和服务最终的目的就是良好的用户体验。那么从这个角度来看，不管是产品还是服务还是渠道都是客户感受的一个点，这样的改变就会使营销的手段发生变化。

首先是就是产品的设计与推出，不再单纯地考虑原材料和技术手段，而是要根据目标受众的特点和需求来设计。

其次，企业销售产品或推出服务不再依靠第三方的经销商，而是直接面对消费者，企业作为销售的终端，把渠道尽量变短，反应速度更快，让客户得到更快捷的体验。

第三，企业在实际中的销售端，不再单纯是货架，而是能给予消费者购物体验的消费平台，而且让客户感觉到企业的热情。

最后，利用互联网的市场特性，把购物人群彻底洗分成不同的类别，进行精准的市场定位，然后进行有针对性的交流沟通，让客户不再有线上线下的区分。

2. "用户体验至上"要贯穿品牌与消费者沟通的整个链条

互联网公司与传统的企业不一样，互联网企业更加重视客户的感觉，所以它们的产品经历总是在网上去和客户打交道。企业如果可以想客户所想，满足客户的物质需求与情感需求，带给客户良好的购物感受，让客户可以用快捷的方式，愉快地购买东西，那么企业就会得到客户的用户，就会牢牢抓住客户的心。

要创立良好的客户体验，就得在任何环节上都加入客户至上的思想，在任何环节都考虑到客户的感觉，真正做到把客户当作上帝。海尔的掌舵人张瑞敏在2014年内部讲话言道"企业的信条就应该是给用户提供最好的全流程购物体验"，这其实也是所有公司应该信奉的宗旨。

电子商务平台的发展，给企业和消费者带来了更多的接触的机会，在繁多的接触里面，如果有一处企业没做好，消费者不满意，客户就会流失。三只松鼠的创立者章燎原把接触的类别化为两类，一种是物理的，一种是感觉，物理的很简单，就像传统的购买一样，看到实物，明码标价，提供感觉的就是广告，而互联网上面，全都是感觉，在消费者拿到货物之前，都是感觉。那么如果企业不能给消费者提供良好的感觉，消费者当然就不会买账。

那么该如何给客户提供良好的感觉呢，首先就是给客户留下一个深刻的第一印象，然后让客户去点击进来。在传统行业，广告给人的反应速度是3秒，而互联网上则是1秒，客户看到企业的网页做得很新颖，很喜欢，就会进入，然后就会主动和客服联系。

与客户的交流方面，三只松鼠也是采取了比较有想法的做法，首先是把对客户的称呼改成主人，而不是肉麻的亲，主人的称呼就会让客服变身成为宠物，把松鼠的形象更加逼真地演绎出来，就会让公司的品牌形象在客户的心理印象更深刻，也会给客户一种全新的体验。

而客服的绩效，也不是单纯的订单量，而是客户的感受反馈和与客户的交流程度。把客户叫作主人，客服成了一只可爱的小松鼠，这是一种新的购物体验，而这种新的体验也要求客服真的化身为松鼠，来帮助客户解决问题，也可以和客户进行沟通交流；对于客户来说，这是一种全新的体验，一种新的掌握主动的角色，充满着新鲜感。

在下单的时候，每个消费者的心里都是犹犹豫豫的，因为仅仅是通过网页还有客服来了解的产品，并没有实际见到过，也不知道网上说的和实际一样不一样，就会有期待，也会很着急，恨不得马上就收到货，打开看看，可爱的小松鼠显然很了解客户的心理，再发货之后，小松鼠就会用它特有的口气，来让你知道货物已经发出，注意查收。

在发货之前，企业还有一件事情要处理好，那就是包装，好的包装，会增加客户的喜爱程度，也会给客户留下一个很好的第一印象，所以三只松鼠的包裹还有包装都是精心设计的。章燎原还讲到，三只松鼠的特色还不仅是这些，他们还给客户准备了更多的惊喜，比如纸袋、纸巾、杂志等等，为的就是细致贴心，客户想到的我想到，没想到的我帮你想到，这些惊喜虽然都是些小东西，但是却可以给客户大大的感动。反之，如果企业做得不好，客户很可能就会一次性消费，不会再来，甚至说企业的不好。而企业要明白，来自消费者的口碑营销，恰恰是非常重要的宣传手段，可以给企业带来更多的回头客。

除了这些手段，三只松鼠还利用微博微信来和客户沟通交流，掌握他们的动态和需求。章燎原说，在未来的日子里，三只松鼠会结合消费者的需求，送给消费者更多的惊喜。他觉得，无论是多么小的一点，只要你做到极致，这个点就绝对会给你带来超出期望的回报。好多人只是把电子商务作为平台来卖东西，这种看法很片面，电子商务也是一个大众媒介，它可以起到很好的宣传作用，如果想到这层，企业就有很多事情要做了。

用户只会在意自己感觉到了什么

用什么来测验用户的体验做得成功不成功，最后还是得用户来评价，他们说好才是好。

把用户体验放在靠前的环节，就是要让客户明确感受到企业的方方面面。企业的产品再牛，功能再强大，感受不到，不买账也是白搭。在互联网企业做新产品的时候，会有一个量化的东西，叫版本到达率，意思就是你的产品更新换代之后，能有多少客户跟着一起更新换代，如果说一个产品的原用户量为100万，在产品更新之后，只有1万人愿意跟着一起更新，那么企业的这个产品更新之后的价值也就只有可怜的百分之一。

以此类推，在传统行业中，如果一个企业没有让客户了解到产品的优点、特色，那么产品的改进再好，包装再独特，也没什么意义。企业做了什么，用户是不会去在意的，用户只在意自己想知道的。那么从这个角度来想，就必须要把客户想知道的告诉客户，让他知道。

"雕爷牛腩"是一家很有互联网特色的餐馆，它的组织架构中添加了一个首席体验官的职位，恰巧缩写也是CEO（英文全称是Chief Experience Officer），这是企业重视客户感受的具体做法之一，CEO就会把自己当作顾客，然后从顾客的角度去体验餐馆的服务，处理客户的反馈，把服务做到最好。CEO还有一项权利，就是可以为某位顾客免费提供茶水和小菜，让客户得到惊喜和意外的满足。

随着时代进入互联网时代，信息的生成和传递也都发生了很大的变化。信息的来源不再是那么一小部分人，而是所有人。每个人都可以制造出很多的信息；信息的传递也不像原来一样，是一个点向外辐射，而是多点之间的网状连接。还有最重要的一点，那就是人变成了互联网的核心，而不再是信息。

由于人是互联网的核心，那么用户至上就自然而然地成为互联网思维的核心，其他的想法都是伴随着用户的想法而产生的。把用户当作上帝，这个思维模式，不光要体现在产品的层面，更应该贯穿企业的整个经营链条，包括市场、产品、品牌、销售等等。

讲得再直白一些，就是用户需要的是什么，企业就要给什么，用户需要的时候，企业要能满足，用户需要多少，企业就得满足多少，用户想到的没想到的，企业都要能想到。这就好比一个男孩儿在和一个女孩儿恋爱，那么男孩儿想到的是，女朋友永远是对的，基于这个道理，还会有女朋友最漂亮、女朋友管钱等这些想法，不过这些想法的基础还是女朋友永远是对的这样的想法；展开的想法如果碰壁了，只要保持最基本的想法不变，不出错，就没事。客户至上的信条也是这样，如果有一天，企业遇到瓶颈了，不知道如何去经营，那么只要企业还可以想到客户至上这样的信条，就不会被市场所淹没掉。

有一种说法挺有意思，是把互联网的思维比作独孤九剑，而用户至上的思维就是总诀式，最主要的，也是最基础的。如果这一思维企业没有领悟全面，那么后续的思维也不会运用得多好。

客户至上的想法，并不是互联网时代独有的产物，在传统行业就有这样的思维，只不过都没做足功夫，大部分都是说说而已，而到了互联网时代，客户作为市场的主人，就让这个思维显得格外重要了。

第四章

简约并极致：专注中的力量，极致里的精神

　　什么样的产品才是最好的，什么样的服务才是最好的，这两个问题的答案可能会众说纷纭，每个人有每个人的看法，但是如果能把产品或服务做到极致，那么这个产品或服务就算是再差也不会很差，因此，企业要有极致精神。

互联网时代，产品变得简约而不简单

注重用户的感受是用户至上信条最重要的原则，而用户的感受很大程度上来源于产品，所以好的产品对于企业来讲很非常重要的。这里所说的产品既包括有形的实物也包括无形的服务。在互联网的时代，产品的设计和推出无论是对于企业来讲还是用户来讲都是越来越重要。

互联网正在不断蚕食传统的市场，并改变着传统的商业模式，消费者在市场中的地位越来越高，越来越多的人喜欢更简单的东西，比如无脑的娱乐节目，便利互联网交流平台，更直接地电商平台，更简单的产品说明，等等。

通过观察消费者的购买行为，可以发现这样的情况，可以供消费者来选择的产品非常多，但是消费者没有足够的时间和耐心来一一进行挑选，而在网购的时候，一旦耐心不足，就会来回切换店铺，几乎没有什么转移成本，这就要求企业在很短的时间内抓住消费者。

这就是简约的文化，简约也是互联网思维的一个特征。其实通俗地讲，简约就是能省则省，能不需要就不添加。这也反映了企业在产品上能做出的高度，简约有三点要做到，表面上构造简单，使用方便，描述起来更是几句话的事。

但是这三点看起来容易，做起来不容易，看起来构造简单，看一眼就知道怎么做的，但是在简单的后面就是不简单。因为要把产品尽量简化，需要做大量的工作，细致的计算，用工用料都要设计，只不过这些都是企业内力的比拼。消费者看到的就是成品。

使用便捷，就是指产品容易操作，所谓的傻瓜机就是这样的例子。

描述起来就是几句话，这说的是，当企业要宣传自己的产品或者服务的时候，不需要说很多，简短的几句话，就可以把产品或服务介绍得很详细、很明白。

就拿支付宝来举例，支付宝刚推出的时候，页面有四个部分，上面的导航，左面的目录，右面的功能键，中间的内容，这样的布局遵守的是互联网的网页标配，当然也做了一些改进那就是能够更换背景。这样的布局，维持了很长的时间。

但是效果如何呢，支付宝会不会改变呢，数据来说明，支付宝后台的数据显示网页中大部分的内容，客户都没有点击过，而且还有客户抱怨，说在页面中都没有找到想要的东西。那么这些现象都是值得支付宝思考的。

终于，在2013年的时候，支付宝在不断改版的变化中加入了简约的原则，直接把页面简化为两大部分，一部分为账户现状，另一部分为资产动态，这些动作不是仅仅是简约的变化，而是对用户需求的精准把握，并且付诸行动。

支付宝的改进，让支付宝看起来越来越像一个银行账户，反映的就是客户有多少钱，这也是客户最关注的。支付宝在网页最显眼的位置，显示出客户的余额，至于其他的数据，就集中放在一边，如果客户有意愿，也可以看到自己账户明细，账户明细的显示也很简单，就是让客户知道，挣了多少，花了多少，欠了多少，省了多少，很清晰，很明白。

现在是互联网的时代，人们已经开始依靠网络来解决问题，如果企业还是按照以前的思想，和客户讲这个那个，是没有客户愿意听的，客户没时间，更没耐心，所以企业就必须简化，把客户想要的展示出来就可以了，其他的放在背后。

做用户喜欢的品牌

创立一个品牌，基础就是市场定位，就算是最牛的企业，也不可能把所有的客户都揽到自己的怀里，那么对企业来说，利用自己的优势，挣自己的钱，这就是最根本的。

有一本书叫《新定位》，在书中给出了五种消费者的思考方式，来给企业以帮助，从而让企业更好地了解消费者。

模式一：消费者所能够处理的信息量有限，如果信息量超出所能接受的范围，消费者就会依据个人的经验、好恶，甚至心情还对信息进行筛选。那么，如果产品或品牌能让消费者感兴趣，就更有可能让消费者记住。

模式二：消费者不喜欢麻烦，喜欢简单。尤其是在现在的时代，信息大爆炸，那么消费者就更需要简明的信息。现在的广告宣传，不需要说很多，只要说一点，可以打动消费者，那就是成功。

模式三：消费者普遍容易跟风，因为不想被别人说或者觉得买亏了，那么很多时候就会拉着别人一起买，而且会研究很多，如果企业宣传得好，产品的感受也不错，那么很容易在消费者中形成口碑。

模式四：消费者比较恋旧，信任已有的品牌，虽然新出的品牌也有吸引力，但是停留在客户记忆中的还是老品牌。

模式五：如果一个品牌的产品多元化，涉及的行业很多，那么就容易使消费者失去对品牌核心内容的认知，从而不了解品牌。

反正，互联网企业必须要能把这些规则掌控好，因为用户能够处理的信息量有限，产品宣传越简洁越有效，而且如果宣传的效果好，那么这种好的效果可以持续很长时间。无论哪个企业都不可能掌握所有的客户资源，那么企业就必须要找到适合自己的客户群，然后这些目标群提供好的产品或服务。

只有确定了目标群体，企业的产品或服务才能有针对性，才能做到与众不同，拉拢到稳定的客户群。还有，一旦客户群形成，那么就会围绕着品牌或产品或服务形成一个圈子、一种文化，从而吸引更多的人进入这个圈子。因此，如果企业不能找到合适的目标群，抢占市场，那就注定是死亡。

互联网花店Roseonly在一个特别的日子——情人节，正式上线营业，它的品牌理念就是唯一的爱情观，一生忠贞，这样的观点，贯穿于买卖的过程，如果客户要买花送女朋友，只能送一位，否则的话，要买花就去别的地方吧，在实际操作中，客户买花所赠送的对象要和送花人所绑定，这样一来，就把这种观念，更加深刻地注入客户的思想中，对品牌的印象也就跟深刻。

Roseonly在情人节开店之后，主要的宣传是依靠微博、微信，品牌所传递的专一，高贵的情感理念，也在它所卖的产品上所反映出来，Roseonly的玫瑰都是经过精挑细选，百里挑一，这样的花送给唯一的她，不是对品牌最好的诠释吗？

此外，Roseonly还依靠明星的明星效应与浪漫的爱情故事，来对企业的品牌做宣传，获得了极大的关注。在市场成熟的基础上，把企业的产品种类又增加了很多，还创新的把巧克力融入到产品中系列中，当作是女方对男友的回馈。

事实证明，Roseonly是成功的，七夕的时候，预订的人数已经达到数万，当天的销售量也达到几千盒，一个月的收入就是接近千万。Roseonly的掌舵者蒲易言道，Roseonly的未来目标就是要做成如同Tiffany一样的企业，坚守自己的品牌，在这样的基础上，更好的融合产品，去满足客户的需要。

虽然Roseonly的成绩显著，但是Roseonly依旧秉持着最原始的品牌概念，不把手伸向其他的市场，就把自己的市场做大做强，返璞归真，就是这样的境界吧，专心致志地做一件事，做到极致，在企业发展的初期，这种专一，可能就是胜利的条件。

追求完美，追求极致

追求完美，是产品经理必须要有的一种精神，有了这种精神，就可以在设计上产品的时候完全投入，不会在遇到困难的时候退缩，让自己能够在让产品完美的路上一直走，不断地追求产品的极限。

这样的精神，就可以叫作匠人精神，其实质就是很强的专注力还是追求完美的精神。在现在的时代，由于环境变化迅速，匠人精神已经变得越来越珍贵，具有这种精神的人的典型就是乔布斯，就是由于他的专注和坚持，创造了苹果的辉煌。在互联网的时代，产品经理们应该重新拾起这种精神，来创造最经典的产品。

在2013年的时候，在在广播中有这么一个故事，说的是有着钟表之国美誉的瑞士，在20世纪初，瑞士的钟表行业就已经是全球领先的了，但是在中期的时候，日本开始对瑞士的钟表业产生了巨大威胁，首先，日本表价格低，质量也很好，而瑞士的表，虽然质量上乘，但是很贵，因为瑞士的工人的工资很高，所以成本就高；其次就是电子表开始在全球流行，对传统的机械表产生冲击。当时有一种做法，就是外包，把工厂设立在日本，利用日本便宜的人工来进行加工，但是品牌和技术还都是瑞士的（有点像现在的中国）。但是瑞士的钟表业并没有采用这一做法，因为瑞士国内的表匠都是有着丰富经验的技师，会把表做得更精密，质量做到最好，内部的零件也是一样，这些都是日本的工人无法做到的，还可以在原来的基础上，利用技术改进零部件，减少用的部件数量，来减少成本。就是这样的精益求精，追求极致，瑞士的钟表还是世界上最好的。这也是对匠人精神最好的体现。

匠人精神还要求制作者或者设计者对产品充满热情，对于产品的制作者或设计者来讲，产品绝不单纯只是一样东西，这就要求制作者或设计者对产品永远充满兴趣，永远去探索和学习，保持着充足的动力。这样耗尽心血做出来或设计出来的作品，消费者没有理由不喜欢。

追求极致，就是要把产品和服务做到完美，给用户带来惊喜。就算是做好了，但是用户已经想到了，这也算不上完美。

媒体人罗振宇自创的"逻辑思维"就是匠人精神的典范。每天都是一个固定的时间发送消息，每段消息的时间也都一样，为了这些一致，罗振宇要比别人付出更多，就是为了完美，不允许自己的产品有半点瑕疵，就是在较真。但是就是这样的较真，让客户明白你的用心，让客户尊重并感动。

在互联网世界，第二注定失败

想要让客户爱上你的品牌，就要让客户有最棒的体验。在互联网的世界中，消费者才是君主，由于互联网的世界结构，给了消费者需要的信息，而且也让消费者有了更多的选择的空间，那么企业要想拉用客户，除了给客户好的感觉，没有其他的方法，这也意味着，互联网的竞争更残酷，做不到最好就是失败。

在互联网中有一个非常重要的交流工具就是IM（即时聊天软件），腾讯的QQ就是其中的代表，也是铸就腾讯的基础。在腾讯的QQ出现之前，MSN一直是这个行业的老大，也是上班族必备的一款软件，之后出现的QQ在名气上根本不能和它比，也不会在商务中使用，那时的QQ只是一款不起眼的聊天工具而已。

不过随着时间的推移，到了2012年的时候，Skype已经在全球市场上打败MSN，在中国，现在的人们几乎都用QQ，用MSN的已经越来越少，MSN的市场已经越来越少，越来越打不过QQ，在IM这个行业，QQ现在才是老大，只有第一，这就是互联网市场的法则，也是互联网市场的残酷。

不管是传统行业，还是现在的互联网企业，最重要的就是有没有能力给客户最好的感觉。就像MSN这方面就做得不好，会存在着很多问题，比如盗号、广告太多、垃圾邮件多、病毒多等等。而QQ就尽量避免出现这些问题，还推出了很多人性化的功能，比如对话提醒、在线传输、手机QQ等等。

第五章

跨界与打劫：如果你不跨界，互联网就打劫

在互联网的世界，企业与企业，行业与行业之间的界限不再明显，行业壁垒也被打破，现在的市场竞争，更多的是跨界的竞争，那么企业就要思考，如何跨界，跨界之后要做些什么。

互联网企业开始跨界经营

现在，由于互联网的存在，原来没有联系的领域统统被绑到了一起，就是所说的跨界。和实体的企业不一样，由于互联网跨界联系在一起的企业或者模式，会以出人意料的速度展开，如果没有做好准备，那就只能看戏了，没有参与的份。

在开始的时候，很多的企业都很自信，觉得这样的交易模式不会有前途，做实体经营才是王道。可是现在来看，这些人有点自信过头了，互联网还是在高速发展，谁也没法阻挡，而且越来越受到人们的关注，越来越多的人开始依恋互联网，而互联网也开始渗透进人们生活的各个地方，如果没有做好准备，那么这场互联网的大戏，就没有你的角色了。

在几年前，国美还是家电业的老大，谁也不会想到，这个老大会面对相当困难的局面，在国美还在不断扩张，信心满满的时候，京东已经悄悄崛起，并且开始抢占国美的市场，国美醒悟得有点晚，就只能是呜呼哀哉了。苏宁比它情况要好，意识到了危险，提前改变了经营模式，建立了"苏宁易购"这个电子商务平台，适应了市场的发展，避免了被淘汰的厄运。

中国联通和中国移动，都是电信业的龙头，一直是两家平分天下，所以并没想到互联网给自己造成的危机，不过当微信的市场成熟之后，积累了大量的客户资源，把原来属于移动和联通的市场也瓜分走的时候，这两家巨头才如梦初醒，而且微信的收入比起这两家巨头也丝毫不少，赚钱的速度更快，这就显示出互联网强大的威力，它可以进入任何一个行业，去占领任何一个市场，对于互联网来说，跨界没什么难度。

就专业性来讲，互联网实在是没什么专业性可言，从实体店来说，开业了几十年，这种经验，还有这种发展，都是要优于互联网的，但是从实际来看，状况恰恰相反，互联网利用自身的优势，从一个圈子跳到另一个圈子，打破了很多传统行业的既有规则和运营模式，而且比这些行业现有的模式更加高效、全面，市场更大，把各种行业的全新的一面挖掘了出来，随着互联网技术的进步，互联网已经把各种行业的经营模式打散、重组，把各个老大的资产拆分开，然后再重新组合成新的商业模式。

在2011年的时候，腾讯又发明了微信，这个产品可以被看作是手机QQ的全面升级，它不仅可以用文字聊天，还可以发送语音、视频、图片等等，一经上市，就得到了广泛关注，只用了一年多，就拥有了上亿的用户群，微信的推出，也标志着聊天软件开始向手机等移动终端靠拢。

微信的载体就是智能手机，也就是说智能手机的发展和推广就是微信推出的基础，而微信也是可以在各种智能手机上运行，提供沟通交流的服务，而且还有交友的功能设置，这些设置就是实现跨界的桥梁。

在2013年的时候，微信又进行了升级，可以支持多人的语音，就像是手机端的YY一样，而且添加了二维码，这个功能给客户提供了更多的方便，因为不需要在手动输入，直接一扫就可以完成。

二维码的推出，就使得各方的沟通更加方便，合作更加快捷，因为只要扫一扫，所有的想要知道的信息就一目了然，不管是什么行业的产品，未来的终端都是移动终端，只要手机在，就可以知道关于商品的各种各样的信息。

微信最新的5.0版，又有了新的改进，新添加了丰富的表情，还可以绑定银行卡，添加收藏，绑定邮箱，等等，甚至可以帮你打车，直接把原来在PC端的服务都添加到手机上。

微信可以被看作是现在最火的聊天软件，并成为进军移动端的一个大门，克服了原来客户端的各种弊端，渐渐地变成了一个很重要的电子平台，还彻底改变了营销的模式与状态。可以想见，以后微信还会有商城这样的移动购物平台，这种平台也会成为互联网模式的一个特色。

未来的互联网的发展，就是向移动互联方向而去，这是一个必然的现象，尤其现在的智能手机使用人数越来越多，而用户的感受则是抢占市场的关键，也是企业的互联网模式好不好用的试金石，只有抢占市场了，才有资本去跨界经营，然后把各方面的资源重组，根据客户和市场需要，订制产品，不断改进和优化，最后就是建立一个依托于移动互联的成功企业。

互联网有一个很重要的特征就是速度，变化的速度太快，可能今天还是这样的东西受欢迎，明天就换了，因此企业都要有很强的危机感，不断地改进，避免跟不上节奏，就被甩得远远的。

由于预言，未来的很长一段时间内，都是互联网群雄并起的时期，越来越多的企业开始跨界经营，要在移动互联市场上分一杯羹。

在现实当中，客户的转换成本很高，没有很多的时间和精力去一家家店地转，也不可能背着个电脑来回走，台式机就更不可能了，所以移动终端就显示出明显的优势，只需要动动手指，就可以得到想要的产品和信息，或者是进行理财。如果企业想在互联网中称王称霸，那就必须不断地拓展市场，整合资源，跨界经营，把客户需要的尽量全都满足，否则的话，如果只是吃老本，面临的结果就是市场份额缩小，因为你不去吃掉别人，想着稳定自己，但是别人想着吃掉你，想把你的市场占为己有。

未来世界的常态就是跨界

跨界也是互联网模式发展的一个必经阶段。

现在好多的企业都开始了跨界之旅，比如阿里巴巴的本行是电子商务，但是却开始向金融理财行业进军，乐视网是做视频的，现在开始卖电视了，而卖电视的长虹进军互联网，互联网的圈子越来越复杂了。

其实跨界也不是横空出世的一种举动，在几年前就可以看出一些端倪，只不过最近开始火了起来。原来毫无联系的行业，现在就联系到了一起。每个行业都不再是独立的孤岛，而是渐渐地变成了一个大陆，昨天还打得你死我活，今天就可以促膝长谈，而现在坐在一起的伙伴，明天就有可能和你翻脸。在世界的范围内，各个行业的分界越来越淡化，所谓的行业壁垒，很有可能就是空话了。现在的软件公司开始做硬件，硬件公司还是做软件。微软作为软件龙头，也开始做起硬件，这就让它与传统的合作伙伴的关系更加繁杂。苹果也是跨界者，它与三星这个跨界者之间的竞争也越加激烈。

互联网市场的跨界现象已经很普遍了，尤其是现在，正处于传统移动互联的转型期，跨界在移动互联成型之后，就更不是什么新鲜事，而是一种常态。互联网的世界，就是一张无边无际的大网，这也就意味着，在这个网里面的行业也不会再有边界。互联网之所以会让跨界成为常态，除了天然的本身属性之外，还有三个原因。第一是实体产业链与互联网产业链的融合，平台型的经营模式得到发展，这就让很多的行业的界限被打破，从现在来看，已经很难说阿里巴巴到底是经营什么的公司了，它什么都做，就是所谓的行业无边界；第二是从企业内部的组织结果来看，互联网使得组织内的专业分工更加明确，不过由于互联网的存在，"虚拟化组织"的数量增加，使得组织的边界越来越模糊，就是所谓的组织五边界；第三是互联网的发展，使得信息量暴增，传播方式也发生了很大的改变，而且速度更快、更便捷，这样就使得每个人都可以拥有大量的信息，其中很多信息就是跨界的，如同产品经理这样的复合式人才，就成了各个企业招揽的对象，最好的就是能够把实体的传统行业与互联网行业融合的人才更是不可多得呀。

跨界能够颠覆现有布局

企业从行业的角度进行跨界，有可能是向着相似的行业伸手，也有可能去抢占没有关系的行业的饭碗。这样的情况有很多，比如曾经的手机巨子——诺基亚、摩托罗拉、索爱，它们都没想到是被一个毫无联系的行业（比如苹果、谷歌）所打败。电信行业的三驾马车——电信、联通、网通，也没想到会有一个叫微信的弄得它们寝食难安。电视的制造商，TCL、创维这些"老字号"，也没想到现在会有这么多与这行没关系的新生力量来和它们抢饭碗。

不过，这些都是事实，企业就必须要面对。

以前线性的行业竞争模式已经被互联网的跨界竞争所打破，不同的行业被拆开、重组。阿里巴巴的马云曾经在公司内部说道："传统的行业与互联网之间的争斗，就像是武功在面对飞机大炮面前的无力一样，不管你的武功再好，花样再多，也不管你的门派如何，都是一样的下场，就是挨枪子。这样说不是吓唬谁，事实就是这样，互联网对传统行业的冲击是非常剧烈的。"

跨界，这就是未来的互联网走势，抢得先机就能赚得更多，准备好了就来看看具体的吧。

（1）在中国近期的电影市场有两部叫座的片子，一部叫《泰囧》一部叫《致我们终将逝去的青春》，这两部电影之所以让人们记住，不是内容，而是导演，这两部片子的导演都是演技出色的明星。当然这两部片子的票房都是不错，这就是跨界的好处。

（2）电信业最"离奇"的事件，就是腾讯变成了移动的竞争对手，改变了电信业多年以来形成的三足鼎立的局面，移动为此也是感叹不已呀。

（3）跨界的争夺才是最赤裸裸的竞争，一个公司靠一个业务赚钱，但是跨界的插一脚进来，人家还不收费，这个企业就要欲哭无泪了，而且最可怕的是，人家悄无声息地进来，这个企业还在悠然自得，最后连为什么会死都不知道。

（4）有个经典的案例，就是杀毒软件，最开始的杀毒软件就是瑞星，还是收费的，赚得也不少，但是后来360插进来了，并且杀毒软件免费下载安装，让原来靠杀毒软件挣钱的软件企业难受不已。还有微信，突然插进电信市场，而且还是免费的，这就让几个靠通信和短信挣钱的电信业大佬惶惶不已。阿里巴巴推出菜鸟计划，进军邮政快递，不知道这个行业的大佬们会是什么心情。

（5）和君商学院。在中国，上学院和培训班都得花钱，但是和君商学院就免费，而且教学质量一流，都是实战化的教学，就冲这个，就有很多高校才子纷纷过来学习，和君也通过这样的形式为企业招揽了非常多的优秀人才，而且这些人才还都不需要培训就能直接工作，又为企业省了一大笔开销。

（6）人们认为最稳定的银行也被支付宝弄得很苦，这样的跨界的惨案，企业是不应该忘记的，曾经的柯达已经进了棺材，现在的诺基亚、摩托罗拉、东芝、索尼等都是一只脚伸到棺材里了。国美的反应太慢了，最后梦醒了，才明白现实的残酷，只剩下了哀叹，京东商城早就带着打劫来的银子和市场满载而归。与国美相比，苏宁还算好，知道有京东商城这样的"强盗"

在身边，所以时时保持警惕，逃过一劫。反观中国联通和中国移动，可能是太久没有人去撼动它们，做老大太安逸了，所以根本就没把腾讯放在眼里，可是就是这样不放在眼里的角色，就可以用几个月，就把移动和联通的客户抢了个精光，光明正大地去挣原来应该移动和联通应该挣的钱。一个小小的软件应用，就把电话和短信的业务市场完全抢占。真是让移动和联通欲哭无泪呀，现在的补救，只是让腾讯看笑话罢了！这就是跟不上节奏的下场，如果变得不够快，就不用变了，剩下的钱，买棺材吧。

（7）未来的很长一段时间里，都是各个行业变化最大，最快，也是最有商机的时期，任何企业的市场都有可能被掠夺。只要客户的生活发生改变，需求发生改变，企业跟不上节奏，就在劫难逃了。沃尔玛，曾经的商业巨头，世界第一，现在做的就是在寻找出路，来适应时代和市场的改变，至于那些古董一样的企业，就没什么希望了。只不过，现在还是有很多人把那些有身价的富豪当作偶像，其实他们也是泥菩萨过江，自身难保呀，也不知道未来会怎么样，还有的甚至还没有看清现实，还在拓展市场，这就是加速死亡的节奏。快，就是时代的符号，周围的所有都在变化，任何一个企业如果不能意识到挣钱的渠道已经随着消费模式的改变而改变，那么后果就是无论企业的家底怎么厚实、有多成功，最后的结局都是灭亡，这就是残酷的现实。

（8）实施跨界的企业，也都不是专业的做那个行业的，只是高速从一个行业进军到另一个行业。行业的边界被打破，传统的行业都将接受这样的洗礼。更快、更便利、更全面的模式正在形成，在互联网的世界，大佬的家底将被瓜分，重新整合成新的商业模式。

（9）现在的时代，任何的想法都是可能的，微信的推出，只是一个开端，人们的思想已经开始解放，社交的需求成为主要的需求，企业不能再把宣传的重心放在传统的方式上，依赖于创新的广告，才是企业要有的宣传形式。

（10）在以后的时间里，企业还只是一个单纯的企业吗，只是有一个主营业务？只是被赋予传统思想中的作用？难道企业就不能有多重的主营业务？行业之间就不能相互融合？

（11）就算一个企业不敢去跨界经营，那么也会有其他敢于跨界的企业来抢多它的市场，未来的十年，就是这样一个"大海贼"时代，腾讯和阿里巴巴只是开路先锋而已，未来的市场就是群雄割据，把原有的模式打破，重新组合，传统的理念就会渐渐被淘汰，新的思维模式渐渐诞生，时代是在高速向前发展。

（12）企业无视这样的快速发展得新的经营模式，还在墨守成规。但是现实是，在未来的几十年的时间里，创业注重的东西将不再是学历，背景和能力，创业的大门将为更多的人敞开，也会变相让企业不再成为就业的首选，而且各种明星富二代，也会想着自己创业，来为自己准备后路。

中国的市场即将迎来大的变化，各企业要做好准备呀。

这句话是不是觉得有点别扭，当听闻淘宝在双十一一天就卖了350亿元，觉得很惊讶吗？马云过去在中南海与总理面谈的时候说道："有很多人不喜欢我，因为阿里巴巴让很多成功的企业成为了历史，所以那些企业的老总、靠企业挣钱的人就会很恨我，但是这并不会阻碍我前进的步伐，我认为对的事情，一定会做下去，原因就是阿里巴巴认为不是互联网是赚钱的机器，而是一场变革。"这些话，是马云的心声，也是他实际所做的事情。

支付宝的诞生，让互联网的金融市场变了天地。那么谁是支付宝的对手呢，银行？不，银行可不是，如果非要说的话，VISA和万事达应该算是，不过仅是一部分的对手，因为支付宝是想实现无现金交易。阿里巴巴有可能会是未来金融业的霸主，它现在已经在瓜分金融行业的市场了。还有，当支付宝在金融业进军的时候，微信也在电信领域做着同样的事情，而且还把手伸向了阿里巴巴同样看重的市场。

新的变革才刚拉开序幕，而更新的变革也正在悄悄地演变，就这样不停地交替。中国经济中的每个行业，不管是金融、电信，还是医疗、服务，都会被扯到这场变革中，经历一次又一次的变化。

依托互联网实现的跨界掠夺，已经不再是幻想，而是事实，互联网已经把人们的生活改变，未来还会改变。跨界的掠夺，肯定会把旧有的模式打破，重新组合新的模式，就算是企业老老实实不招人别人，别人也会欺负上门，躲是躲不掉的。

其实，之所以会有跨界的旺盛，互联网就是支持，互联网正在改变所有的经济模式。

在互联网时代，所有的传统行业都会面临冲击，冲击的来源有两处，一是传统的行业和侵入者之间的斗争，跨界的企业已经开始侵占传统行业的市场；二是传统行业内部的争斗，大企业与小企业之间，全国经营的企业与地方企业之间，互联网的存在使得所谓的商业壁垒不复存在，大数据让企业都可以获得想要的信息，这样就使得所有的企业公平地竞争，让竞争进入白热化阶段，反映的就是一个结果——优胜劣汰。

跨界到底怎么跨？

有学者提出了自己的想法，说明跨界的企业有可能侵入联系密切的市场，也有可能侵入没什么联系的市场，总结一下，跨界的企业有三种。

1. 垂直整合

所谓垂直整合就是对产业链的上下游进行重组。向产业链的上游进行重组就是后向整合，下游就是前向整合。全都揽在一起的苹果就是垂直整合的标杆。垂直整合很难做到，因为成本会很高，而且上下游之间的经营模式都不一样，不过如果可以整合成功，那么这也很难被复制，属于企业独一无二的东西。而且垂直整合还可以形成对产业的强力掌控，也拥有更大的支配权，状态也非常稳定。

2. 水平扩张

水平扩张就是先平行地合并、收购、吞并相似的企业，然后就是展开替换，用自己企业的业务来替换原来的业务，比如说互联网从PC端转移到了移动端，手机原来就是打电话、发短信，现在是智能手机横行。最后就是实现产业链同位置上水平的整合。依托于互联网消费的产品，水平整合的最终目标就是满足客户的一切需求。水平扩展可以使企业达到规模效应，占据更多的市场，从而形成本行业或跨行业的垄断。

在这点上，腾讯就是范例。腾讯创立之初，就只有QQ这个产品，而且只做即时通信这一块儿，之后就断断续续地出了好几百款产品，还有说法是产品种类已经上千了，现在谁也不知道腾讯到底有多少产品，如果有兴趣可以去数一下。可以说，中国绝大部分的网民都在使用腾讯的产品，而且不止一个腾讯的产品。腾讯正在蔓延到互联网的各处。而且由于腾讯的客户群很庞大，可以支撑腾讯的横向扩张，现在的腾讯已经有了很强大的横向扩张的实力。从经济学角度来看，横向的联合，如果不加以节制，就会产生垄断，抑制市场的发展，所以很多国家都有反垄断法，来限制横向扩张。

3. 毫无预警的颠覆

近期比较流行的一句话就是"彻底改变企业的源头很多时候是来源于侧翼"。这句话反映出，在互联网的时代，谁也不知道哪个会把企业的饭碗抢走，已经有非常多的"惨案"发生了。

最恐怖的对手，很多时候是别的行业突然进来的"强盗"

企业最怕的对手，不是圈子里的企业，因为大家都知根知底，而且玩的手段都差不多，就像是百度肯定不会害怕360，阿里巴巴不害怕京东商城一样。

企业最怕的对手就是从别的圈子突然窜进来的陌生访客，这个陌生访客的已经模式完全不是圈子里熟悉的模式，而且还对现有的行业模式和规则进行改变，这样的情形最有可能出现在各大巨头跨界经营上。说是企业最怕这样的，有两方面原因，一方面是因为，对于企业来讲，现在所处的圈子就是全部的环境，而对于外来者，这个市场就是一部分而已，而且巨头进来有可能不为了挣钱，而是为了达到战略目的或抢占市场。另一方面，巨头原油的资源与新市场很可能实现融合互补，天知道会形成什么样的新模式。

从历史来看，这样的变革都是悄无声息地开始的。如果说媒体大力宣传，弄得尽人皆知，那么行业的老大早就把情况研究透了，对策也都想好了，就等着外来者入套了。那么想要跨界的巨头也就不可能再进来，变革也就产生不了了。变革从来不是在热门或者主流的环境下产生的，都是在不为人知或者鲜为人知的市场上兴起的。Netscape本来是有可能与微软并驾齐驱的，只不过在Netscape 的市场还没有稳固的时候，就向微软挑衅，结果微软尽早防范，利用自己的垄断地位把Netscape扼杀了。

要想跨界成功，用户数据就是撒手锏

到2014年1月，余额宝用了半年的时间，吸收了超过2500亿元的资金，客户的数量接近5000万，超过基金业的老大华夏基金，成为老大。在余额宝成为第一之前，华夏基金稳坐了老大7年。余额宝成功的背后，没什么复杂的东西，甚至是非常简单的传统货币基金。那么传统货币基金，这么多年都没能做到的，为什么余额宝就突然能做到了呢？

根据数据来看，余额宝的用户平均年纪才28岁，活跃度最高的用户的年纪区间为18～35岁，这个年龄段的客户占到了客户群的80%以上。23岁的客户人数最多，高达200多万。这样的80、90后就是网购的主力人群，他们几乎每天都会去淘宝逛逛，对于支付宝的使用已经熟得不能再熟了，而且这样年纪的人，是适应新事物最快的，因此，余额宝这样的新产品，只要有比较好的收益，自然可以把原本就属于阿里巴巴的客户转移过去，让他们来使用这个新产品。

互联网的公司之所以会向金融行业进军，原因就是金融行业就是标准的数据行业，而且也是明显的靠信息吃饭的行业，而互联网公司可以依靠其电子商务的平台，吸引并积累大量的用户，这样就拥有了大量的用户信息，这在金融行业是非常明显的优势。

用户的感受也是跨界能否成功的关键。

对于用户感受的变革，360创始人周鸿祎给出了这样的说法，用户体验的变革就是把以前的很繁杂的事情简单化，把以前需要学，比较难的事情，变得傻瓜化。

还是看前面所说的余额宝。余额宝的出现，使人们理财的难度大大降低，这就是一个很好的用户感觉。基金是一个很专业性的东西，一般人都不懂，那么就有很大的可能不去买，而余额宝就不会特意去告诉人们这个是基金，用户也就不知道，用户只知道这个可以赚钱，那么用户也就很容易做出选择。

但是正规的基金公司做不到这点，它卖的就是基金，不光有货币基金，还有什么股票基金、债券基金等等，人们就更不懂，基金公司对用户来介绍这些产品，都是用很专业的词汇，这是人们不能理解的，而且不想花精力去弄明白。当然也就不存在什么好的用户感受，就是由于这样的差异，导致了最后的结果，一个拥有2000多亿元的资金，一个有几千万的资金，天与地的差距。

北京有一家饭馆，最近比较出名，叫作"雕爷牛腩"，它的经营者就是创立淘品牌阿芙精油的人。从网络转到实体，也可以说是从互联网跨界传统行业，肯定在用户体验方面会有不同，为了这个不同，餐馆也是不遗余力，先是花大价钱买了香港"食神"的秘方，之后对秘方进行了半年的测试，还请了好多的明星、微博达人、美食达人来品尝，碗也是特制的，用来吃饭喝汤的那部分很滑很薄，其他的地方就比较糙，这样一来，人们在吃饭喝汤的时候就会感觉比较好；菜单也是每个月都会更新，让食客保持新鲜感，而且很注重客户的感受，如果客户觉得不好吃，那么这道菜就会很快就没有了；这家店的客服也比较特殊，是老板、经营者亲自去做客服，天天看客户的反馈，店里的员工无论是谁，都知道老板想要什么。这些举动都是对客户的看重。互联网跨界到传统行业，做好用户体验，往往是成功的关键。

第六章

免费与收费：免费为了收费，免费的是最好的

在互联网中可以经常看到免费的产品或者服务，这不是噱头，而是在网络时代出现的新的经营模式，其实免费也不是互联网独有的手段，但是互联网却把这种手段运用到了极致，免费是收费的基础，而不再是宣传的噱头。

免费是实在，是为了以后挣钱

1. 成本特征

在经济学中，有一个定律：在完全竞争的市场中，一个产品的价格随着时间的推移会越来越接近产品的边际成本。边际成本的概念就是产品每多生产一个，总的成本会因此增加多少。一般来说，产量越大，总成本会增加量会降低，边际成本就会下降，这就是所说的规模效应。

规模效应在工业时期就得到了证明，规模越大，每个产品所需要负担的成本越低，这点上采购的人是最清楚的，买100个产品的单位价格与10000个的单位价格肯定不一样，而且前者肯定高于后者。在生产中，有的成本避免不了，比如前期建厂的投资，流水线的建造，这些成本都是要算到产品中去，自然产品造得越多，每个产品分摊得越少，如果真的是无限制早的话，那么每个产品分摊的固定成本就趋近于零，那么产品的成本就只剩下非固定成本。比如用于水电、原材料等的费用。

而数字产品就不是这样的，数字产品的成本大部分来自于前期的研发和设计，只要把产品做出来，传播的成本是非常低的。拿现在比较流行的微电影来举例，一部微电影，大部分的时间和成本都是寻找灵感还有形成独特的创意，接着就是拍摄和剪辑，这些都完成之后，传播和发行的成本就几乎是没有的，把完成的电影上传到视频网站，自然会有很多人能够看到。传闻微软当年研发Windows95花了2亿多美元，所以第一份产品就承担了大部分的成本，接下来的复制，发行几乎没有成本。那么就可以看出来，数字产品的固定成本非常高，但是边际成本非常低。再比方说杀毒软件，开发这个软件需要很长的时间还有资金，这些都算是固定成本，但是制做出来之后，传播和复制几乎没有成本，用户自己去网站下载安装就可以，下载量的多少对于企业都是一样的（服务器和宽带也需要花钱但是非常少，可以忽略）。因此，如果一个软件的用户达到一定的量，那么这款软件的边际成本就可以被认为是零。说白了就是如同360这样的企业，用户数有几个亿，那么真的就是不在乎一个人的存在，有一个客户和没有这个客户都是一样的，360杀毒的边际成本都是零。

这样看来，数字产品不收费也是有道理可循的。

数字产品的固定成本非常高，边际成本又非常低，那么企业就必须要大量地销售产品，来获得规模效应，从而得到非常低的边际成本。一旦企业通过销售，达到了得到边际成本的销售量，产品的产本达到边际成本，那么就会给企业带来非常丰厚的利润。所以，就算是微软为了开发软件花了2亿多美元，但是由于销量的数量非常庞大，使得产品的边际成本趋近于零，这样就使得微软从中赚了大钱，而且微软的其他产品赚钱也是这样的手段，几个产品加起来的收入就只撑起了微软帝国。

把数字产品继续拆分，分成互联网产品和软件，就可以看出互联网产品更加适应免费的模式。互联网的产品一般都不会是一件件地去卖来赚钱，互联网产品的赚钱模式更悄无声息，软件这样的产品，还得需要通过实际的销售，让客户来买，互联网不是这样的，互联网产品靠流量赚钱。不管是利用广告还是增值服务来赚钱，背后的根本还是大的流量，而不收费就是赚取大的流量的最好办法。

2. 注意力经济时代的宠儿

人们在利用互联网的时候，不管是使用互联网的产品还是服务，所要支付的成本都是很低的，因为没有了传统产业链中的物流、仓储、回收等环节，人们在互联网产品或服务中所花费的成本只是搜索和学习，都很低。因此，互联网产品的创业者都会利用免费的模式来吸引客户是一个很好选择。

这样的现象背后的原因就是，在互联网的时代，注意力成了稀有资源。MichaelH. Goldhaber在1997年的时候就提出了"注意力经济"这样的想法。随着信息时代的发展，信息的量已经越来越大，在PC时代就是这样的情况，在移动互联的时代，这样的情况会更严重，各种各样的信息扑面而来，严重过剩；人们可以很容易地获取大量信息，但是如果想要在海量的信息中寻找到自己想要的，就要花费很多的时间和精力，这种话费的时间和精力就是注意力的缺失。

正是由于注意力稀缺，所以互联网的创业者尽可能地抢夺注意力资源，前面说过，互联网中最重要的赚钱工具就是流量，而流量也可以被看作是注意力，只有拥有了大量的流量，才有基础来创造企业的经营模式，依托互联网赚钱，就是在获得大量注意力的基础上，创造价值，然后来赚钱。而获得注意力最好的办法就是免费。

3. 用户对免费是什么态度

人们对待免费的态度也会由于场景的不同而不同。

比如一直就是免费的产品，在人们的意识中，就认为这个产品不应该收费，如果收费了，人们就会很不爽。比如百度的搜索服务还有高德的地图服务，如果某个企业推出的搜索服务或者地图服务收费，那么人们有很大可能是不会去关注的，除非这个产品做得特别完美，因为人们要付出更高的代价。

而一直收费的产品，如果突然不收费了，人们也是会有不同的做法的。比如小超市，如果宣布里面的商品都不要钱了，那人们就不敢买了，因为人们会觉得超市的这些东西会有问题；而在大超市，这样的情况就不太会出现。会不会出现不敢买的情况，就在于人们对企业的认同度和信任感，如果人们很信任一家企业，如果这家企业的产品不收费了，那人们一定会疯抢的。

　　当然，总体来讲，人们还是对不花钱的东西更感兴趣。这种现象很像是物理学上的势能，免费和收费之间就有一个势差，如果从免费转向收费，就像是从上到下的自由下落，人们会觉得很舒服；但是从免费到收费，就像是克服地心引力一样，客户就觉得不愿意，除非是企业可以让用户认识到收费之后的产品或服务会更好。收费和免费之间，就算是一分钱，都是差距，有的时候就是这一分钱，客户就不会选择你的产品。美国的一位教授认为这种差距就是心智交易成本，因为人们要重新评估企业的产品价值，就算只有一分钱。而如果是免费的，人们就不用花心思了，这个成本也就不存在了。

都免费了，企业是怎么赚钱的？

当然所有人都明白，免费只是障眼法而已，企业都是要赚钱的。所提供的免费产品或服务只是面向了大部分的客户，来拉拢客户。在缺乏注意力的现在，企业的已有模式是否精妙，就取决于企业的模式能否在免费的外表下寻找到挣钱的途径。

有几个案例可以用来分析，看看现在的企业都是怎么赚钱的。

1. 基础功能免费，增值部分收费

免费模式最经典的形式就是用不收费的基础功能来拉拢客户，然后通过利用增值服务来挣钱。增值服务其实就是一种更优质的服务，因为基础服务对于大部分人就已经够了，但是肯定会有人想要更好的服务，就像是在车站等车，大厅就是免费的等车场所，而一些人喜欢享受，追求舒适，就会想去收费的更舒服的候车室，一边喝茶，一边等车。而把这样的休息室建成候车大厅，又没必要，因为想要去休息室的人总是少数。

对于一款产品来讲，就算是99%的人都不想花钱，只有1%的人愿意花钱，但就是这1%的人就可以支撑整个业务。

这样的案例也是有的，人们经常用的迅雷，就是这样的一个产品。

迅雷是很多人都会使用的一款下载软件，人们可以从网上下载并安装，安装成功时候就可以享受迅雷免费的下载功能。用迅雷来下载东西，确实可以提高下载速度，人们想要的也是这样的结果。所以自从迅雷推出，就有很多的人成为迅雷的用户。

到了2009年的时候，迅雷就通过免费的功能提供拉拢了数亿的用户，之后迅雷就开始建立会员制，为会员提供更好的服务，用这样的服务来赚钱。比如普通会员可以消除广告，享受更快的下载速度，白金会员在普通会员的基础上还可以在线播放种子视频，享受更稳定快速的下载；最高端的钻石会员还可以享受用手机下载加速的服务，当然这三种会员的价格也不一样，从低到高。会员制建立了一年，迅雷的付费用户就达到了100万。

根据数据显示，到了2012年10月，迅雷的收入增长已经三年都是接近100%，使用互联网的人中有70%的人都是迅雷的用户，用户数量达到3.27亿，会员的人数达到350万。从2009年到11年，迅雷的收入翻番往上涨，2012年也是同样。

QQ会员，也是基于这样的想法。

2. 这个产品免费，那个产品收费

如何确定收费的业务和免费的业务，对于企业来讲是要花心思去琢磨的。如果免费的功能过少，那么客户就不会来使用，流量就会少，而免费的功能多了，那就不会有人愿意花钱使用了。

还有一种挣钱的办法，那就是一款产品完全免费，所有的功能都不收费，这款产品的作用就是用来吸引客户，形成自己的客户群，然后再推出另一款产品去挣钱。

当然这两个办法既是独立的，可以是融合到一起，尤其是产品种类很多的企业。

小米曾经推出了一款移动电源，只要69元，让很多的竞争者觉得惊讶，但是小米也没指着用移动电源赚钱，真正赚钱的是移动电源的硅胶套和彩色外壳，而小米的用户群也很喜欢这样的附加产品，就这样连带销售，随着产品越卖越多，移动电源的边际成本就会越来越小，赚的钱自然也就越来越多。

3. 个人客户免费，第三方收费

前面所说的赚钱方法都是让小部分人来为增值产品或服务买单，而因为客户群的数量巨大，就算是只有1%的人付费，利润也是很高了。除此之外，还有一种赚钱的方法，就是让第三方付费，个人用户不花钱。这其实是一个很老的套路，在互联网发展初期，各个网站也都是靠各种广告来赚钱的，上网浏览的用户是不收费的。

说起这个就不得不提一个人和一家企业，那就是周鸿祎和奇虎360，这个人和他的企业为互联网注入了一些另类的东西。这种特色也让360高速发展，把免费模式搞得非常透彻，让人佩服。

早在2009年的时候，360软件中心就开发出一款杀毒软件，这款软件的独特之处就是完全免费，下载、安装、使用、升级全部不要钱。

而在此之前，所有的杀毒软件都是收费的。而在推出杀毒软件之后，360又趁热打铁，相继推出了多种软件，涵盖了电脑使用的各个方面，当然这些也都是免费的，免费的产品越来越多，种类也越来越齐全。在2013年的时候，各大网站都开始推出云网盘，360自然不会坐在一边看戏，推出了免费使用的无限空间网盘，让网盘的大战就此而止。

可能有人会纳闷，企业的产品都是免费的，都不挣钱，光赔钱，做慈善呀。可是360就是赚钱了，而且赚得不少，据数据来看，2012年全年，360的收入是3.29亿美元，净利润4000多万美元。那么问题就出来了，360靠什么来赚钱呢？

其实说白了很简单，360就是靠开放平台，依靠360导航等自有软件和游戏还有第三方的网站、软件来赚钱。说得再通俗些，就是靠免费的产品来吸引客户使用，积累人气和流量，然后再吸引第三方的网站和企业进平台来挣第三方的钱。

在360推出杀毒软件之前，这个市场被金山、瑞星和江民三家控制，而360的免费产品，让这个市场再起波澜，也搅得这三个杀毒巨头不得安宁，瑞星和金山面对着360也不得不让步，做出了永久免费的承诺。而这样的搅局，让360赚得锅满盆满，获得了大量的用户。来看数据，2013年的时候，360的用户数量达到4.57亿，覆盖到95.8%的上网人群，手机用户数量达到2.75亿，浏览器用户数达到3.32亿，覆盖了69.6%的用户。

对于互联网的产品来讲，流量就是最根本的。360已经拥有了大量的用户，当然能赚到大钱。在2013年的第一季度，360的收入是1.1亿美元，其中网页游戏这样的增值业务挣到了4000多万美元。搜索虽然推出的时间不长，但是已经可以看到有明显的收入进来了。360的搜索业务在2012年才推出，就是这样，也没用多少时间就成为了中国第二大搜索引擎，到了2013年3月，搜索业务的市场份额已经占到了全部市场的14%。360还有其他的增值业务比如广告等等，有了大量用户和流量的支持，赚钱是很正常的。

对于现在的互联网企业来讲，最主要的就是客户和流量。只要拥有了大量的客户和流量，赚钱的形式有很多，看看360就知道了。

在比较早以前，还没有有线电视的时候，就已经开始有第三方收费的情况了。那个时候看电视不花钱，但是电视台还是会向企业收取广告费，企业用电视来做广告。等有了有线电视，看电视也要花钱了，个人用户和企业都要向电视台付钱，这就与原来的免费不一样了。而现在，网络电视正在逐渐取代传统的有线电视成为主流，小米等企业都研发了自己的电视盒，恐怕电视以后又不用花钱了。

4. 个人客户免费，企业客户收费

让企业作为客户来买单，用这些钱来弥补提供个人客户免费服务所带来

的成本进而赚钱，也是企业经常有的做法。

网易在2000年的时候发布了自己邮箱产品，从2003年开始，这款产品就一直保持着电子邮箱市场份额的头名，到了2013年的9月，网易的邮箱用户数量已经接近6亿。

而早在2002年，电子邮箱市场就开始有企业向用户收费，掀起了一股电子邮箱收费的浪潮，但是网易没有贸然跟风，还是坚持免费，结局显而易见，收费的企业市场份额越来越少，而网易的市场份额越来越大。

在2009年的时候，网易推出了自己的企业邮箱产品并收取一定的费用，当然，收费的多少也代表了邮箱配置的高低。

等到了2013年的第三季度，网易的邮箱等业务收入已经过亿。

企业如何玩转免费模式

1. 在别人收费的地方免费

在别的企业收费的领域免费，这确实是一着狠棋，也是比较有风险的，因为别人在挣钱，你在赔钱。这样的经营模式彻底改变了以往的经营模式。当年，360就使用了这样一着狠棋，搅得杀毒软件市场大乱，自己从中获得了大量客户。

从传统的角度来看，免费只是营销的手段而已，现在所说的免费却是一种价格战略，而且是长时间的，说白了就是企业赖以生存的业务是不需要客户花钱的。比如说腾讯的QQ，百度的搜索，都是这样。

马云在弄电商的时候，淘宝也是免费的，在淘宝的平台开店免费，买家还可以像在市场一样和卖家砍价，而当时淘宝的对手eBay平台却是收费的，而且买家和卖家之间也不能直接沟通。这样，eBay平台上的卖家就会觉得可以在淘宝的平台再开一家店，反正也没有什么成本，看看效果再说。就这样，eBay的很多卖家都到淘宝上去开店，有了卖家自然会顾客盈门。当时的马云也许也没有搞清楚怎么赚钱。基于各种因素，马云在淘宝开了三年之后宣布淘宝继续免费，一直免费下去，这样的结果就是中国所有的电商企业差不多都在淘宝上开店，随便搜个东西都有一堆的结果出现。而如果企业想把自己的结果排得更靠前，那就得交钱了。现在的淘宝是中国挣钱最多的互联网公司之一，而这一切源于免费。

现在好多互联网的硬件，比如电视等家电都会和互联网融合。很多的互联网企业也会做硬件，就会采用这样的办法，你收费，人家就免费。你用硬件来挣钱，人家可无所谓。如果有一天电视不花钱了，要不就是清仓甩卖，家电巨头们可能就要哭了。

未来的互联网的电子商务，彻底把产业链打通，企业将直接面对客户，把产品销售给客户，不再需要中间商的第三方，这样省下来的钱就可以让产品的价格变得更低，对于客户的吸引力也就越大。而那些依靠生产硬件的厂商可就真的要哭了。因为互联网公司不依靠硬件赚钱，硬件只是用来拉拢客户的一件工具而已，让越来越多的人变成企业的客户。当人们用了互联网企业的各种产品之后，互联网公司依靠其他的服务来赚钱。那些传统的制造硬件的厂商就应该学会利用互联网把服务延伸，去争取更多的客户，如果只是生产制造硬件或者只是销售，那就只能变成互联网企业的加工厂，因为光靠产业链已经挣不到钱了，你要钱，互联网企业不要钱，产品也不比你的差，凭什么和人家竞争？所以，真正站在产业链顶端的就是依靠信息服务和客户体验立足的互联网公司。这么说绝不是吓唬谁，可能现在传统的制造业还没有感受到，这种情况也不会立刻就出现，但是再过几年看看，到时候就知道结果了。

2. "羊毛出在狗身上"

不管是不是免费都和互联网思维没有冲突。互联网产品的特点不是免费，而是用户的价值。免费只是创造用户价值的手段而已。因此，天上是不会掉馅饼的，所谓的免费只是把价值链延伸，免费模式的成本就是赚钱的基础。免费的成本就是其他赚钱渠道所赚来的。说白了就是羊毛出在狗身上。

有一本书叫作《免费》，里面给出了四种免费的模式。

（1）业务交叉互补，比如人们所熟知的充话费得手机。

（2）利用第三方来为免费买单，比如各种广告。

（3）免费和收费并存，就是基础功能免费，增值功能收费。

（4）完全免费，经营的费用靠别人资助。

抛去第四种情况，其余三种情况本质都一样，都是依靠别的收入来弥补免费造成的成本。在企业思考准备运用免费模式的时候，一定要想清楚，谁来为免费买单。

互联网上的免费，就是一种延展价值链的手段，企业在别人收费的地方免费，那就一定要找出赚钱的地方，建立起赚钱的价值链。微信是免费的，人们都可以安装使用，借此腾讯积累了大量用户。虽然微信是免费的，但是微信可以替别的产品做广告，只要广告做得好，就可以挣到比移动每年的短信费还多的钱。

3. 零利润也是免费

还有一种更绝的免费策略免费，让免费可以玩得更狠，那就是不挣钱，完全免费，零利润。产品按照成本价格出售。这就让传统的硬件企业更惶恐，也给他们造成了更大的冲击。像网络企业去制作电视，可以按照成本去卖，互联网企业赚钱的业务是别的。而硬件制造商却是靠电视吃饭的，经营模式完全不一样，竞争也就不在一个层面上。

硬件免费这个概念，最近比较火。雷军说未来就会有企业用沙子一样的价钱卖芯片，周鸿祎也言道未来的趋势就是硬件免费。不过硬件免费并不是个新概念，很多年以前，安装电话不要钱就可以算是硬件免费，不过安电话不要钱打电话是要钱的。有了数字电视之后，机顶盒免费送，但是想看的看具体内容还是得交钱。这样的硬件可以免费，是由于企业的产品或服务是垄断的、独一无二的。而免费的硬件也只是适用于企业的相关服务，如果没有企业的相关服务，这样的硬件一点用也没有。这样分析，对于处于行业垄断的企业来讲，硬件免费也是可以实施的。

硬件搞免费确实不比软件那么容易。软件免费的成本，由广告收入来弥补上就可以了，因为软件的中间复制传播的成本是极低的，主要的成本就在前期的研发上。但是硬件就不一样了，每一件都有成本，这样所造成的结果就是广告的收入不足以弥补硬件免费所带来的成本。就拿智能手机来举例，一部手机上通过内置的应用，广告挣的钱一年最多也就几十块，但是手机本身就要上千块，而且也不能确保每个使用手机的客户都使用内置的应用。因此，哪个企业也不会把手机白送，只靠其他收入来弥补手机免费的成本。

依靠收费的服务来弥补硬件免费的成本也仅限于处于垄断地位的企业。非垄断企业想做到还是很难，乐视网曾经也想搞免费，但是人们看视频还是有很多选择的，所以如果企业不是垄断企业，基本不能实现硬件免费。

说了这么多，可是看出，不管是通过什么方式，高价值的硬件免费要是做到都不是很容易的。那么能做到的就是放弃利润，既然无法完全免费，那就把利润丢掉。比如说一部智能手机，成本要800元，价值是1000元，可以有200元的利润，这200元企业不要了，全都让给客户，然后通过广告或者服务来挣这200元钱，现在很多的手机低价促销，但是里面装了很多应用，就是这个道理，当然客户也得到了实惠。乐视网也有类似的做法，就是提供服务在自己低价的电视上。这就是另一种硬件免费的模式。

如果企业只是去生产销售硬件，那么如果有免费的企业插进来，那么硬件企业就玩不转了，最后的结局就是成为免费企业的加工厂。如果想一直发展下去，就必须创立一种新的经营模式，建立起新的价值链。这是所有的传统企业转型适应互联网都要思考的问题。

免费要遵守的游戏规则

1. 虽然免费，但产品本身要过关

免费的产品对于客户来讲，选择的成本很低，转移的成本也很低。如果说人们花了很多钱买了个东西，就算是这个东西不好，客户也不会轻易退货的。而在网上，客户使用企业的产品，只要感觉不好，就会去看别的产品。想要达到好的免费的效果，就必须看重客户体验，给客户好的感受，有的时候免费产品的客户体验要做得比收费产品还要好。

利用免费模式赚钱，360也走过弯路。早在2008年的时候，360推出永久免费的杀毒软件。但是这个软件并不是360自主开发的，而是买了国外的一个杀毒软件，汉化之后就推出了。这款商品上线之后大部分的评价都是负面的，说这款产品不好用。这就让360很尴尬，本来想着弄点新鲜的东西，结果是搬石头砸自己脚，而且传统的收费杀毒软件也利用此事大做文章，来印证"免费没好货"的说法。

这一切360都看在眼里，也明白了，免费并不能决定一切，也不是客户选择的唯一标准。产品才是关键。因此，在随后的时间里，360开始了从内到外的变革，提升自身的技术实力，改进产品的操作界面，让产品越来越简单，使用起来越来越方便，而且更加注重客户体验的打造，尽量给客户好的感

觉。在韬光养晦一年之后，360推出了属于自己的杀毒软件，市场反映效果很好，就用了短短4个月，360的市场份额就超过了瑞星，让杀毒软件市场的格局发生新的变化。

2. 免费是最昂贵的

免费模式也并不适合所有的企业，也许要依据产品、资源、市场来具体分析。

企业要想运用免费模式，就必须要由大量的资金储备，否则企业就要被免费拖垮了。而且现在互联网的竞争日益激烈，想用很少的钱就取得很好的效果几乎不可能，仅仅是营销所需要的成本就是很高的。360通过三次融资，拥有的资金量达到5000多万美元。

而且免费模式更要求企业的经营者要具有战略眼光，知道哪个领域可以赚到钱。因为免费只是个手段，赚钱才是企业的目的。如果就是搞免费，不知道怎么赚钱，再大的企业也会渐渐入不敷出。

现在的互联网企业有很多，在尝试免费模式的也有很多，但是真正做起来的不多。人们更多的是看到了360等企业现在的辉煌，但是在这个模式中死掉的企业数量也是很可观的。就像前几年被大家所熟知的超级兔子和优化大师，现在都已经提不到了。所以企业的眼光只有看得更远，并且能够察觉到市场动向和潜在的机会才有可能活得更久，做得更大、更强。

免费也是可以成为一种习惯的，如果让用户养成不花钱的习惯，那么再想让他们花钱就很难了，因此免费模式也不能轻易实行。现在的互联网市场，免费模式逐渐成为主流，但是要想运用免费模式，也是有条件限制的。

（1）规模：企业运用免费模式想做到费用转移——把免费业务的成本转嫁达到赚钱的业务上，就必须要由足够大的规模，否则就没有那么庞大的客户群来付费维持企业运营。这就是那么多实施免费的企业，到最后只有几家做得好的原因。就好比搞网游，都是免费的，但是如果没有大量的人来玩，肯定赚得没有赔得多。

（2）质量：免费的产品或服务不能以降低产品或服务的质量来做，甚至要比收费的更花心思，质量更好。这样的产品或服务的提升，要不就是依靠企业技术的优势，就像谷歌搜索，要不就是依靠企业的专业优势，就像名牌的网络课程。

（3）资金：免费模式的前期需要投入大量的资金用于抢占市场，进行宣传，要不然的话，免费就没有任何意义。就如同京东商城卖书都是有打折的，苏宁易购卖书还有不要钱的活动，都是这个道理。企业免费模式的资金一方面就是继续压榨上游的供应商，一方面就是自己掏钱来垫付。

一旦企业的资金链出现问题，这样的免费模式立刻就是崩溃，完全抗不住，很多的企业都是被这样活活拖死的。

免费到底是为了什么?

互联网的产品搞免费，现在的最大用处就是为企业获取大量的流量和客户，现在的互联网产品大部分都是免费，就是用这样免费的手段来吸引客户，进而留住客户。淘宝、百度、腾讯、360都是这样起步的。在中国的市场上，客户更喜欢不花钱的产品或服务，所以互联网企业就把免费当作招揽客户的首要手段。其实说起来免费的手段不是互联网的首创，只不过互联网企业把这种手段演绎得淋漓尽致而已，而且还拓展出了挣钱的手段。这样说如果不真是的话，看看几个实际的案例就可以明白了。有很多的卖家打着免费的旗号为自己的产品宣传，最让人记忆深刻的就是，一帮穿着白大褂的人在路边帮人免费量血压或免费看病，他们这些人目的根本就不是帮你量血压或者看病，而是为了销售药品或者为自己的医院诊所做广告，他们也很有毅力，就这么一直免费服务，直到人们习惯了，目的达到了，他们就停止了。

在互联网上，免费模式也是这样的，只不过互联网不需要人们自己花钱，可以做到完全免费，只需要人们对企业的产品或服务产生依赖，然后就会关注企业产品或服务的动态，还会给企业做宣传，用户做的宣传比企业做的宣传更有说服力，这也就是Web2.0的经营模式，也是企业获得大众关注的核心竞争力，同样也是Facebook成功的根本原因。由于客户也参与进来，所以客户更加积极地关注网站，还有企业的来人关注客户的动态还有对于网站的评价，淘宝，一个电子商务的公司，现在能够做小额贷款，就是由于这个原因。

在过去的传统经营和人们的生活里面，人们对于免费的产品或服务不一定买账，但是在互联网当中，人们却对免费的产品或服务总是有所偏爱的，这是由于网络在变得更稳定、更安全，人们不用再担心免费的产品或服务是个幌子，其实是假货或者是骗子甚至是病毒。

360在最开始做杀毒软件的时候就是运用了免费的手段，让杀毒软件市场来了一次大地震。所有的人都在关注360，看360怎么挣钱。360很聪明，没有局限在杀毒软件上，而是把市场拓宽，又进军到了浏览器的市场。360的杀毒软件给360拉来了90%的网络用户，这就是数亿的人呀，巨大的流量。这些用户看网页，下载各种软件游戏，手机应用大部分也是用360的浏览器，360还可以推广导航搜索，还可以做广告。现在有很多人喜欢玩页游，360就设立专门的页面来推荐热门的游戏，借此来向用户收费，这些就是360的增值服务也是360的赚钱之道。从事实来看，360做免费的杀毒软件，积累了大量用户之后，才开始挣钱，如果没能拉到这么大量的客户，也就没有后来的360了。

第七章

数据与云端：大数据大商业，放在云端的生活

随着互联网的发展和完善，互联网上出现了海量的数据，从而出现了大数据，还有云端计算，企业要学会运用及管理这些数据，从而找出客户的需求，然后在制定企业相应的策略。

企业要重建场景

帮助消费者打造一个购物的场景和为消费者提供产品与服务，是要同时进行的。

企业再把所需要的数据弄清楚弄明白了之后，还要再来看看数据是怎么得来的。时下大数据的高价值让很多企业和组织起了兴趣，所以它们都开始注意自身数据的收集和管理。不过，真的做起来还是出现了很多问题。因为海量的数据本身都是零零散散的，这样的数据是没有价值的，而把所需要的数据收集起来并加以处理，这样的动作可不容易。还有一个问题就是收集到的数据反映的一定是真实的情况吗？

如果一个企业向客户推荐产品，那么这个企业要做到哪些，才可以得到真实的推荐时候的情景，得到想要的数据呢。

现在有这样一个情景，可以想象一下，一个人最近刚到上海，准备在网上买件衣服。由于搜索引擎和收货地址的改变，在网上搜索出来的结果大部分都是上海的卖家，之后这个人看到一件T恤挺好看的，就登录电商搜了一下T恤，然后就去上班了，这一系列的举动，只有这个人知道，电商是不可能完全知道的，电商只知道这个人要买衣服。

这样这个人和电商之间就出现了第一个沟通的桥梁就是衣服，电商据此还原的情景就是，这个人在早上的某个时刻搜索了T恤这类衣服，并出现了很多的结果，但是哪个都没看上。这时电商也不会想到，这个人什么都没点进去看的原因是正在开会没时间。

当开完会之后，这个人又开始继续搜索T恤，这是与电商的第二次接触，而这次这个人并没有选择T恤，而是买了手机，那么为什么这个人没去买T恤而是买了手机呢？这个问题有谁知道答案吗？其实际上是这样的，这个人去上海出差了一段时间开始想着买T恤，就上网搜了搜，后来由于开会没来得及仔细看，再后来就不想买T恤了，就想买一部手机，就买了，然后现在又去杭州了。

这就是客户的实际情形，很戏剧也很复杂，现在就想问问企业，要做到什么，才可以想象到这样的情景，把情景还原，猜想到客户背后发生的事情。

在企业当中，分析数据的人都在想象，尽量去还原客户在与企业接触时的场景，对于刚才构造的情景，有的人就会想象：不管用户看上了什么样的T恤，结果就是搜索了但是这个人没有点击，有可能就是推广的手段有待改善。还有的人就是这样想的：这个人是第一次使用手机进行搜索，也是第一次搜索T恤。

现在就能明白了，在客户的购买行为中，与企业的接触应该是有很多连续型数据的，先做什么后做什么，但是实际上却不是这样的，会有很多的断层，通过上面的例子就可以看出来，那么企业要怎样来做场景重现呢？企业中的每个人都有自己的猜想。而且上面所构造的情景只是一个人在一个网站购物的情景，而在实际当中，要比这个复杂得多，那么企业又要如何进行场景还原呢？

每天都会有大量的互不相关的独立的数据出现，每天企业都在设想。那么在这样的状态下对数据就行研究，可信度能有多高？

　　因此企业在收集数据的时候，必须要清楚，自己有没有辨别用户，收集用户在网站中的行为的实力，能不能把手机端和PC端的数据分开。还有企业能把场景还原到什么地步，比如今天南方具体的天气如何，是下雨、刮风还是别的，北方具体的天气如何等等。总而言之，企业要清楚自己能够把客户的行为还原到什么程度，从而来辨别客户的真实需求。

企业要关注数据细节

面对海量的数据，企业难免有顾及不到的地方，这些盲区如果企业从正面思索，就会想如何做才会做得更好，如果从反面想，就会思考怎么做才没有漏洞。

数据的盲点到底有没有用，简单举个例子就能看出来。

在十一的时候，很多人都会出去旅游，房子自然也就没人住了，当然也不会有灯光，这样的情形，对于正常人来讲，没有任何意义，但是对于小偷来讲，这却是偷东西的好机会。小偷能够成功偷到东西，还有一个重要的原因就是小偷对于风险的把握很准。在小偷确定目标之后，会持续观察目标的变化，如果一间屋子三天都不亮灯，那说明这个屋子里肯定没人，小偷还会收集其他关于目标的信息，目标的信息对于小偷来讲是很敏感的，一点点的细节，小偷都会注意到，而且小偷会在很大程度上降低风险，因为他们会在反面进行思考，会想怎么做才会不失手，这就会提高他们的成功率。

人都是有惰性的，喜欢接受更简单的事物，需要自己思考或者动手的事物越少越好。"坏人"就喜欢把事情想得复杂，会考虑到各种的情况。平时人们评判一件事情，要么是好，要么就是不好。但是"坏人"就不仅仅会这么评判，他们会想很多。比如说在赌钱，赢了当然就是好事，输了自然就是坏事，但是"坏人"就会想，赌钱是不是有什么暗箱操作，如果赌钱被警察知道，会不会犯事，那些钱会不会就当作证物了，会不会还没玩呢，我就输了，这些都会想到。

"坏人"会想得这么多、这么复杂，就是由于"坏人"做的事情风险太大了。如果对于一般人来讲，家里丢了一样东西可以再买，都是无所谓的，顶多是心情很坏，但是对于小偷来讲，一次的失败就意味着自己要有牢狱之灾，所以就必须要注意常人不注意的细节。如果要成为成功的小偷，要考虑的第一件事绝不是准备偷什么，而是得手之后怎么销赃，小偷必须学会注意细节来规避风险。

其实，让人们在面对需要花大代价，承担高风险的事情了，自然而然就会重视起来。或许人们并不知道自己的处境是站在悬崖边，可是人们就是会不由自主地提高自己的注意力，让自己能够扛过更大的风险。在自然界，也会有类似的现象，比如身形很小的动物，预警能力和判断能力都会很出色，与之相比，大型动物就差得多。

可能人们会有这样的疑问，我又不是坏人，反向思考那么多有用吗？

人类在一生当中或遇到很多风风雨雨，这些都是人们判断的依据，如果有一天人类真的变得很弱小，那肯定也会有出色的预警能力。高的风险可以锻炼人的警觉性，让人们的危机意识更强。当人们真正面对高风险的事情的时候，锻炼出来的警觉性和规避风险的能力就展露无疑了。因此，人们在平时的时候也应该多以反向思维来想问题，这样就会避开很多错误。如果人们能更"坏"的去想，别人的错误就是自己的机会，如果很多人都犯了同一个错误，那这个错误就有可能是个好机会，顺着这个思路也许还能找到一个很不错的产业链。

在美国和澳大利亚的市场上，有一种很有特色的灯，这种等可以随意设置，可以常亮，定时亮，偶尔亮，设计出这种灯的人一定是经常反向思考的人。所以反向思考也是可以产生很好的商机的。

再来看看现在市场，反向思考的案例也屡见不鲜。360的创始人周鸿祎就是典型的反向思维的人。看看周鸿祎的经历，不论是3721还是360，他都是注意到了别人的漏洞，关注到了客户需求的空白市场，从而把市场多大，把公司做强。

当人们有了某个确定的目标，就一定要仔细研究别人也在研究的东西，这样才会让你的洞察力增强。对普通人而言，已经明白要锻炼自己的正向思维能力，也知道要仔细琢磨别人是怎么成功的。但是也应该清楚，注重锻炼自己反向思维的能力，能够看出对手是怎么出错的。这样才会更加全面，离成功才会越近。

如果对手的信息情况已经摆在桌面上，不去看的人就是傻子，这个也和道德没什么关系。偷看数据在数据世界不算什么，而且知道别人是怎么倒下去的，踩到什么坑里了，自己自然就可以长经验，规避这样的错误和陷阱。而且这些数据信息如果依靠传统的手段，是不容易获取到的。那么就得想想办法，在不损害公司声誉，保守公司的数据信息的情况下，怎么能获取到别人的数据信息。

上面的描述其实就是把自己想象成一个"小偷"。只不过只是在思维模式上想象，并不是行为。总而言之，一个"坏人"看到的情报，一般人都看不到，如果用反向思维的方式来思考和观察，就能明白，对于自己也肯定会有帮助。一个人如果想做到很流畅地运用反向思维来观察事物与思考问题，并不是很难的事情。毕竟正常人不会想着去做坏事。如果只是盲目地进行反向思维的锻炼，是没有作用的。想要把反向思维锻炼好，有所突破，就必须要有明确的锻炼目标，这样锻炼下去，你就会是一个眼力很厉害的人，在数据世界，就是一个很出色的数据分析师。

"小偷思维"让人们有了一种全新的视角来看待数据，在现实中也可以运用这样的方式来思考数据盲区的价值。这两种内容看着是两个内容，其实本质都是一样的，就是人们有没有观察到想要的数据，有没有漏掉应该看到的数据。

互联网中，消费者真的是上帝

在出联网还没有出现的时候，如果一个人买了一个东西或享受一种服务，对产品或服务不满意，大部分都是自己忍了，下次就不再买这个产品或服务就好了。同时，也会向周围的朋友抱怨两句，让他们不要步自己的后尘。但是这样的对企业来说负面的东西只会在有限的区域内传播，对企业来讲无关痛痒，因此很多企业都会使用这样手段，钻信息不对称的空子，很好地体现出"买的没有卖的精"这句老话，不断地算计客户，总是想着赚了钱就行，手段就不在乎了，就算是有客户反映情况，企业多半也是不会理的，根本不会想着去改善自身的情况。

但是现在是互联网的时代，在互联网的世界里，信息都是公开的、透明的，而且传播的速度很快，彻底地扭转了信息的平衡，让消费者能够获取到更多的自己需要的信息。到了移动互联时代，所有的东西都将被连接在一起，实时的信息反馈和用户参与的开销将越来越低，零碎时间的叠加也让客户参与的时间越来越长，这两的方面的效果叠加在一起，就让消费者成了价值链的主人，客户至上才真的不是一句空话。

人们在买东西的时候，通常都会先看看有没有别的人买了，如果买了感觉怎么样，以此来作为自己判断的依据。互联网没有建立之前，这对于客户来讲是很难的，因为客户的圈子始终是有限的，不可能知道那么多人的情况，而到了互联网时代之后，信息爆炸式地增长，让这种情况变得轻松和平常。人们可以很轻松地知道所有用过这个产品的人对这款产品的感觉（前提是用过的人发表过自己的感受）。基于这样的情况，用户都很喜欢写下自己的使用感受，一个原因是为了自己，一个原因是帮助别人，希望利用这样的方法让企业不得不改善自己的服务水平和产品水平，然后淘汰掉不好的企业。因为在互联网的世界，如果客户感觉到不满，他的这种不满意就不像原来一样，只会在小范围内传播，而是在互联网上全面传播，有可能会弄得尽人皆知。这样的情况就是造成潜在客户就会犹豫买不买，已经买了的有可能会退货，如果情况再恶劣些，企业甚至就混不下去了。因此在互联网的世界更注重客户的感受和评价，企业也开始重视起来，有不少企业的老总都开始每天盯着网页，看客户的评价和感受。这样一来，客户就是主导，企业就无法使用以前的战术，就逼着企业去提升自身的实力，做更好的产品，提供更好的服务，来满足客户的需求，并让客户给出满意的评价。

不管是工业时代还是信息时代，不管管理模式如何变化，消费者都是推动经济的原始动力，他们才是经济活动的核心。所有的企业都必须关注客户的感受和评价。现在已经不是企业主导的时代了，现在是消费者主导的时代。

有一个网络时代关于消费者行为特点的合词叫作"SoLoMoPe"，组成这个合词的单词是"Social""Local""Mobile""Personalized"。很清晰地展现出消费者的四个特点，即社交化、本土化、移动化和个性化。这就要求企业在品牌推广的过程中要在这四个方面上下功夫，来满足消费者关于这四个方面的需求。想要满足消费者关于社交的需求，就要有全社交媒介。而全社交媒介就意味着每个产业都可以做宣传，每个人也都可以用来宣传，全民交流所产生的影响力是非常吓人的，这就逼着企业不得不重视。不管是好的信息还是坏的信息，都会在社会中快速传播。这样的全民交流的模式，打破了以往顾客和企业之间的交流方式，也打破了以往企业的营销方式，逼迫企业在推广品牌的时候不管利用什么媒介进行推广，都必须遵循客户至上的原则来进行沟通，而不仅仅是简单的品牌传播。

想要做到本土化，就必须要有全渠道的销售网。以往零售企业的实体店已经不能对消费者产生影响了，消费者对于购物、娱乐、交流等方面的需求可以从网购电商平台、手机移动平台等各个渠道来解决，在任何一个充斥着消费者的地方，企业都可以寻找到新的方法与消费者进行交流。日新月异的技术变革以及相关的软件硬件使得消费者的购物体验种类越来越多。这就要求企业在构造销售渠道的时候，要贯彻客户至上的原则，以客户为主，现在很火的O2O模式就是这样来的。

想做到移动化，就要有能提供全时段消费的能力。传统的超市商店都是朝九晚五的营业时间，但是电子商务可没有时间的限制，全天营业，数量不少的零售企业都受到了波及。而移动互联带来了更大的冲击，移动互联使得消费者可以利用更多的零散时间来购物，购物的时间更加随心所欲，时间和地点对消费者的限制越来越少。根据淘宝的数据来看，在淘宝的12种比较多的购物人群中，以夜淘的人数最多，为2000多万，他们都是在深夜的时候买东西下单。现在的消费者都是在用空余出来的时间进行购物，越来越少的人会定时地去超市，去逛商场，这些改变都是对传统零售行业造成了很大的威胁，同样也逼着企业要是时刻刻记住客户才是上帝。

企业要想满足客户的需求还要提供个性化的产品和服务，要能够体现出客户的个性。现在的年轻人越来越看重个性，也在追求个性。这是一个充满个性的时代，一个没有个性的品牌是不可能被客户记住的。年轻人越来越自我，他们的偶像是身边的牛人。按照他们的说法就是，我渴望别人的理解，也希望按照这种理解来关注自己的生活，但是不喜欢别人指手画脚。以前的品牌推广，是凌驾于生活之上的，用各种数据来衬托品牌的优秀，但是对于年轻人来说，这样的做法很无聊，也很假。因此企业要想得到年轻人的认可，就要尊重他们的个性。

既然消费者有这样的行为习惯，企业的思维方式也必须要改变来应对这样的改变。互联网不再单纯是一个平台或者桥梁，而是一个世界，在这个世界中有很多的人，这些人都是特征鲜明的消费者。企业一定要依据这些人的特点来有准对性地构造渠道，选择媒介还有交流的方式。

在电影《建国大业》中，毛泽东说了一句话，很有道理："地在人失，人地皆失，人在地失，人地皆得。"这句话就反映出人才是最重要的。放到商场里，这个人就是客户。

互联网让企业之间的竞争越来越多元化，市场也是从企业主导变成了客户主导，消费者的口碑效应越来越明显。作为企业来讲，就一定要把客户至上的原则贯穿并落实到企业经营的每个方面，不光是要知道客户需要什么，而且要知道他们在这种需求背后还有什么需求，只有这样，企业才能够继续生存下去。没有客户的认可，就没有市场。现在的商业价值都是由客户体现出来的，客户价值才是商业价值的基石。

数据最重要的不是数据本身

能体现大数据价值的，是数据和数据之间的关系。

Google做了一件非常厉害的事情，就是可以在不知道网页语言的情况下，依然能够明白网页里面说了什么。这就好比一个人，如果你知道某种语言，那么看懂这种语言是很容易的也是常理，但是如果仅凭着字词的排列和顺序还有分类，就是看懂内容，这就是很厉害的了。

而实现这种功能的工具就是知识图谱，它所涵盖的知识是没有边界的。实际上，知识图谱并非数据，只是数据之间的联系。但是会有一个很严重的问题，就是数据的量太庞大了，保存的方式也不一样，只要数据之间的联系做一点点改变，知识图谱就要发生很大改变。

打个比方说，有一个反映网购平台的用户和用户之间联系的知识图谱，这里面所包括的信息量就已经非常大了。可以想象一下，现在的平台里面的用户有多少，关系如何，可以再直白一点说，比如有25个客户在平台上，那么这25个人所构成的关系线的数量就是25×25，而且还有问题，怎么来界定客户之间有关系呢，是见过面，还是说一起买了某个东西。如果这样看，虽然人数少，但是问题依然很复杂。

数据和数据之间的联系的点是无穷多的，而且界定关系的标准稍稍改变一点，整个数据库就都要跟着改变。所以，知识图谱的建立和管理都是有难度的。举个很常见的例子，银行帮你办理信用卡，不光要看你自己的支付能力、你的家人的支付能力，还要看你的爱人的职业是什么，当这些复杂的关系牵连在一起了，就会形成一个很重要的知识图谱，银行就是依照这个知识图谱来决定是否帮你办理信用卡。

原来大数据的价值就是人无我有，而在未来，数据本身将变得无足轻重，最关键的就是数据和数据之间的联系。

在处理数据的时候，一定不要总是追求实时化，要分清实时性和实时化，有的数据是非常重要，但现在不需要，就可以晚些时候再处理，先要处理需要处理的数据，让这些数据在合适的时间派上用场。

上面所说的很多都是有关数据的收集和管理的，在数据处理上LinkedIn的做法就很有意思而且可以借鉴一下。LinkedIn进行数据处理的时候，会先把公司的所有数据分层，一层是着急要处理的，另一层是重要但不着急要的。据此就分出了着急要的即时数据，不着急要的即时数据，不着急要的非即时数据。

企业对数据分出层次是很有道理的，因为数据的处理还是应该根据时机来定，就想好多企业的财务报表都是第二天才能处理出来，因为财务的数据和其他数据的相关度很大，其他数据如果没有处理，那么处理财务数据也没什么意义。

但是如果是银行的话，财务的数据就必须要实时处理。数据的处理可以让企业更直观地看待数据，也加强了数据的有效性，不过有一点是需要注意的，就是能够及时处理数据的话，那么以前没法处理的很多问题就可以处理了。就像上面所说过的那个场景，编程人员就可以在编程的时候写上"要是那个几天前看过网页，但是没有行动的客户重新登录了，要不要补偿一个红包给他"。这样的话都是编辑好的，用户的登录就是一个时间标志，告诉的计算可以使各个网站都拥有第一手的数据。

再换一个方面来思索，现在的手机，电视还有其他的信息设备人们都在使用，在这样的情况下，一个网站需要有什么样的能力，才可以在高速变化的情况下掌握到客户最及时的需求，以此来抓住消费者，销售产品，这样的能力在以后的商战中将会是越来越重要的武器。

一个网站一定要提高自己处理数据的能力，尽量做到实时处理，在最短的时间里掌握消费者的需求动态，进而推测消费者下一步的行动，然后有针对性的采取手段，当然实时处理数据还得把握好时机，有的数据重要，但是不着急，就不要优先处理。

如何玩转大数据

在看NBA的时候，常常会有很多的数据，比如抢断次数、犯规次数，某个队员在某个区域会很准，那里就是他的得分点，某两个队员在一对一的时候，谁会占便宜，谁会吃亏，某个球队遇到某个球队就是不赢，某个队员在关键的时候的得分方式，某个队员对某个队来说就是绝对的核心等等。

就会有疑问出现，弄这么数据有意义吗，真的准确吗，就算是现在的数据反映了这样的情况，有一定的规律，那以后也一定会这样吗？篮球赛场也像是战场一样，充满了未知，这样的数据一定有规律可循吗。就好比抢篮板，篮球砸在篮筐上飞出的轨迹是不确定的，怎么能预判到下落的地点呢，也许就是巧合，站的位置正确就能拿到篮板，那么这样看，数据上反映的篮板球数量多一定有价值吗？

这些问题确实存在，但是关于数据有一点是肯定的，那就是数据肯定是有意义的。虽然在比赛中确实存在偶然因素，但是比赛多了，数据多了，偶然就会逐渐变成必然。通俗地讲就是如果只是收集10分钟的数据，那么就没有任何意义，但是如果统计整场比赛，甚至更多的比赛，就可以看出差异了，职业球员和业余球员的数据，一看就可以知道，而对于职业球员来说，这样数据差异也是存在的。

根据一些偶然现象去做大量的调查统计，而大量的数据反馈中查找规律，这就是统计学的立足之本。数据是不会有错误的，但是如果想要证实某个规律，就要有大量的数据作为支撑。统计学对于社会和管理很重要，就是因为统计学把很多的偶然的因素汇总到一起，通过科学的数据测量，得出相应的结论，找出规律。每个个体的行为很多都是不确定的，而且容易受到环境，心情，阅历，性格的影响，根本没有规律可循。但是一群人在一起所展现出的群体行为，还是有特点表现出来的，这些特点就隐藏这群人的数据中，当然这种数据的量是很庞大的，如果找到这样的特点或者规律，就可以对这群人的行为做出预测。

在20世纪60年代的时候，NBA所统计的数据还比较单一，就是得分、篮板等很传统的数据，如果一个教练想看一个球员实力如何，就一定要亲自看比赛，通过自己多次的观察才可能够弄清楚。而现在数据的种类已经大大增加，几乎涵盖了篮球的方方面面，想看什么数据都有，可以通过这些数据队球员有一个非常全面的了解。80年代的时候，电视成为了大众媒介，也成为球迷看比赛和了解NBA的主要工具，媒体对NBA的影响也越来越大，为了让自己显得更专业，媒体就开始用数据来说话。这样一来，媒体也间接地让数据被更广泛地利用，原来命中率的数据就很笼统，现在就发展出来三分命中率、罚篮命中率等等。让数据变得更细致。原来形容一个球员，都是定性的描述，比如得分高手、防守悍将、神射手等等，现在则是"这个人每场能得多少分，抢了多少个篮板"，这样的定量的描述。

在1998年的NBA决赛之前，有人统计过乔丹的数据：

公牛队80%的进攻源头都是乔丹；

80%以上的投篮是跳投；

在场地右侧的投篮占54%；

一对一单打的进攻有17%；

很擅长的两种进攻节奏就是接球跳投和运球之后的干拔跳投；

在球场上每时每刻都可以投篮；

高效的突破一半以上是由于很好的投篮假动作；

只要没到进攻时间就可以投篮；

三分球命中率还可以；

左右向都可以进行突破。

这样细致的统计分析，把乔丹的各个方面水准描述得非常全面。数据统计的作用还不止于此，还可以让对手的弱点暴露无遗，然后针对弱点下手。乔丹有一门绝活就是后仰跳投，就是在面对对手的防守时，原地起跳，身体向后仰，让自己在更高的位置投篮，来避免对手的封盖，这是乔丹很犀利的武器，而且众所周知，乔丹的跳跃能力很强，制空能力出色，他可以利用这样的优势等对手下降之后再出手投篮。以前曾有人针对乔丹这个招式做过统计，如果有人从正面原地封盖乔丹，乔丹后仰跳投的命中率是62%，但是如果防守的人是向乔丹的后面扑过来干扰，那么乔丹的命中率就会大幅下降，会下降到46%。由于这个数据对乔丹来说无疑是很大的打击，可以为对手提供很大帮助，所以一直都没有公开，直到乔丹退役。

第八章

营销与广告：新媒体新营销，重品牌重参与

现在是互联网的时代，那么宣传模式和营销方式自然也要符合互联网的特征，在互联网的时代，营销更注重客户的参与，口碑营销又火了起来，让客户真正参与进来，这就是新营销的模式。

传统的宣传模式和思维已经过时

现在的传统广告，不但内部很多人才都出走了，而且连自己为傲的理论和模式都在经历着越来越沉重的打击，还有的已经开始走向"坟墓"了。

在各个地方、使用各种手段打广告，是以前最有效，也是最彻底解决企业问题的方式，不过由于技术的不断改进，越来越多的企业不愿意再多花钱，而是有针对性地投放广告。有一句话说得好，经营模式的好坏最好的验证工具就是市场，企业家们的做法和效果，已经证明有针对性地投放广告的效果是非常好的，互联网公司提供的有针对性的广告性价比很高，效果很好，而且都可以通过数据很直观地看见。百度推广就是一个最被人知道的案例，百度推广就是根据目标群体的特征，或者企业产品或服务的特征，然后对这些特征进行分析，最后有针对性地把最有效、最有杀伤力的内容做成广告，放在市场上，来获取最好的宣传效果。

在几年前，人们很熟悉的黑人公司设计出了一种新的牙膏，公司对这种牙膏也是寄予厚望，怎么宣传才能够达到最好的效果自然就成了问题。当时经过公司的再三权衡，决定用互联网进行推广，当时用互联网推广的企业还很少，黑人找到了腾讯，委托腾讯为其产品进行推广。

腾讯先对产品进行了深入研究，然后对行业的销售数据进行收集并分析，这两项工作都做完了之后，腾讯确定了目标受众——年龄在18至24岁、比较追求新鲜感的年轻人，这些人对于网络很有兴趣，并很喜欢使用网络，并且认为在推广的过程中，应该摒弃传统宣传中只注重产品性能宣传的做法，而加入更多的新鲜有趣的元素，这样才能得到更好的宣传效果。

这次的推广活动，主题是估计年轻人追求新鲜的立体生活，给自己一种全新的感受。客户可以把自己的照片挂到网站上，然后这张照片就会被做成2D图片，如果不想让自己的照片和其他人一样，体现出自己与众不同的个性，就必须要到活动房间里面寻找道具，就像游戏一样，而提示道具的所在就在黑人的广告里面，客户想把自己的照片变成立体的，想找到道具，就只能一遍遍看广告，这样，在潜移默化中，客户就知道了新产品的特性，也了解到了品牌的信息。

在2011年的春节前，腾讯又为著名的立顿奶茶做了一次针对性的广告推广。腾讯看到，现在的互联网用户更喜欢订制化的东西，体现出自己的与众不同。当时的时间节点正好是春节，因此腾讯决定采用以立顿的品牌形象为基础的过年送祝福的活动，这个活动在开始的时候就很吸引人，因为腾讯有效地针对了用户想要与众不同的心理，展现在用户面前的是写着不同祝福语的立顿奶茶，点进去之后就还可以有不同的头像进行选择，而在不同的头像下面还有不同的祝福视频可供先择，目的就是让用户自己做出一部与众不同的动态拜年视频，让过节的气氛更加浓烈。由于活动的效果远远超出想象，活动推出后就被点击了上亿次，转载了数千万次，网站承受不了就崩溃了。这样的一个活动推出后，立顿奶茶用绩效的成本取得了极大的效果，造成了非常大的影响。而腾讯只是用了创新的技术——让客户自己来制作属于自己的视频，而且可以看到效果，就能让宣传的效果出乎意料。

与这样的情形相对的就是传统的广告行业，从事传统广告行业的人都比较清高，认为广告既是一种艺术，也是一种美学，为了让广告既是艺术也很美，往往会花费巨大，一条广告有可能就是几十万元甚至过百万元的花销。而且广告的设计者花了那么长时间才想出的创意，怎么可能让企业拒绝，如果企业说不了，有可能广告人就和你急眼了。还有就是在传播的媒体当中，广告公司一直信奉，广告想要取得最好的宣传效果，时间在半分钟左右为佳，但实际上，电视广告的宣传效果只能算是一般，可是它的花费是最多的。而且企业花得越多，广告公司就有越多的钱可赚。

与此相比，有庞大数据库支撑的互联网公司就要更实惠，那超高的性价比会让客户都不用比较就可以做出选择。

依赖于庞大的数据库，精细的数据处理以及有针对性的推广活动，相同的广告视频，互联网公司制作的成本可能只是传统广告公司的10%甚至可能是5%，但是做出来的效果和相应的服务就不在一个层次上了。

在北京有一家刚刚成立的广告公司，这家公司既没有豪华气派的办公场所，吃饭也是随便解决，更不会只为了拍一段视频就用去好几个星期，以前需要花几百万元制作的视频，这家公司只需要几万元，而且能够提供各种场景的各种样式的视频，然后就会根据数据库的统计数据来对视频进行模拟宣传，然后对宣传的效果进行跟踪、分析，之后再大规模投放。

数据库是互联网企业的一个特色，也正是由于依据数据库可以进行针对性的推广，因为传统的广告公司的经营模式就没了实际意义。就算是传统广告公司的人再不愿意，可是事实就是如此，在互联网的世界，传统的理论已经过时了。

面对残酷的现实，如果传统的广告公司还是一意孤行，那只能是自食恶果，但是也得从创新的角度来思考，不能总是捡人家剩下了，只有打破常规，才会出奇效。

互联网时代，广告要怎样做

随着互联网的不断成熟和发展，广告产业也逐渐开始发生变化，现在的主流是大数据，新的互联网广告公司可以通过数据库，更全面的了解客户的需求和兴趣，就有针对地设计广告，让人们更有兴趣，也可以达到更好的宣传效果，在面临这样的窘况时，如果传统的广告公司还是坚持以前的套路，那就真的没救了。

广告的受重视广大的目标客户群，让他们感兴趣，吸引他们的眼球才是最重要的，虽然现在的互联网广告公司做得有声有色，但是无线网的普及率还不高，这就是传统广告公司的救命稻草。

有一个大家都知道的常识，就是广告最有价值的地方就是创意，这也是广告得以发挥作用的源泉，如果可以把先进的手段进行融合，让人们看到自己心里想看的，这样的广告肯定是有良好效果的。

在现在的路上，随便抬起头一看，就可以看到好多的广告牌，虽然这些广告牌五颜六色，各不相同，但是内容都是在宣传自己的产品，不光是广告牌，还在杂志、报纸还有其他媒介上，都会有这样的广告，也都是在宣传自己的产品，目的就是为了让人们知道产品的功能，还有的甚至是会夸大其词，如果一直这么做宣传，人们就会感觉厌烦，人们自然就不会有什么兴趣，宣传的效果自然就会越来越差，而且如果宣传真的是名不副实，更会对企业产生负面影响。

既然这样的路已经走不下去了，为什么不换一种思维方式呢，用更新颖的视角来表现产品的特点，从而把人们从以往的视觉疲劳中拉出来，给人耳目一新的感觉。

广告的设计往往会有个人的意志存在，但是这种主观意志也得要是人们所接受的才可以，否则人们就不会认同，当用这种个人的意志把人们的思维引向一个既定的主题的时候，人们就会仔细地看广告，从而按照设计者的意志去思考，当然也就会牢牢记住。

现在回过头来看看曾经那些家喻户晓的广告，大部分都是言简意赅，一点也不像现在的广告，几乎是把所有能用到的元素统统加进去，是很花哨，也是想满足不同人的口味，但是效果却背道而驰，大部分人都不会去看的，这样思考的话，简约却有很强的针对性，这样才可以设计出成功的广告作品。

有一个叫金龙鱼的食用油品牌，现在的人们可能都不会陌生，但是在金龙鱼刚刚踏进内地市场的时候，设计了好几种广告都是效果平平，人们不知道这个牌子的特点到底是什么，自然也就没有认同感，一直到最为人熟知的1:1:1的出现，才让这个品牌被人们记住，也让这个品牌的公众认同感陡然而生。

其实道理很简单，现在的人们越来越注重自己身体健康，吃饭自然也是维持身体健康非常重要的一环，食用油更是每家必备的东西，广告的内容就是抓住了人们这样的心理，满足了人们对于健康的需求，而且广告并没有直接说这款油对健康有好处，只是很朦胧地说了一句1:1:1是均衡营养配比。

传统的广告公司如果想和互联网平台中投放的广告来一争高下，就必须要改进广告本身的质量和效果，做出真正能让人们记住的广告。

在一般情况下，会把广告分成商业广告和公益性广告两种，但是由于广告业本身的发展，这两类广告之间的界定标准越来越淡化，现在已经有不少的广告策划人试图用公益广告的手法来表现某个商业品牌的内涵，比如某个牛奶的广告，通过关心山区孩子的状况，表现出品牌是想让所有的孩子都可以喝上牛奶，过上好生活，身体健健康康的。

传统的广告策划人员想要让自己做出的广告更吸引人，不仅只有这一个办法，还可以探视到人们的内心深处，把那些人内心深处的，但是渐渐被遗忘的情感挖掘出来，很多的很感人的广告就这样诞生的。

某个调味剂品牌就设计过这样的广告，广告内容是：一个年约六旬的老妈妈，不会英语，但是历经艰辛去了南方的某个国家。

为什么呢，原来是因为她的女儿嫁到了那边，现在有了身孕，很想吃到家乡菜，那位老妈妈就带着家乡的各种调味料（其中有一种调料煲汤特别好，尤其是给孕妇吃）上了路，去看女儿。

老妈妈在路上饿了就吃些自带的干粮，累了就睡了候车室里面，在坐了各种交通工具之后，终于来到了最后一站，飞机场，但是在通过安检的时候，工作人员要检查这些调料，就问这位老妈妈，但是她不会英语，急得不行，眼泪大颗大颗地往下掉，差点给工作人员下跪，她不想耽误一分钟，更必须要让女儿吃到家乡的味道。最后在很多好心人的协助下，这位老妈妈顺利登机，看到这儿，很多人都会很感动，这就是爸爸妈妈对儿女的爱。

这样震撼心灵的广告，是有很好的社会反响的，而且由于这样的广告触碰到了人们的内心深处，人们自然会记得牢固。

说到现在，还有个很重要的问题，那就是在设计广告之前，先得明白广告的受众群体是谁，这也是做广告很重要的一个步骤，因为不同的受众，需要不同的广告形式，运动饮料的广告要突出动感的节奏，但是按摩椅这样的产品，就需要一个很闲适的环境，知道了广告的受众群体是谁，才可以确定广告的内容、主题、元素等这些广告的基本组成，而且这样有针对性的广告，受到人们关注的可能性就会比较高，效果自然也就会很好。

除了上面所说的应该注意的点之外，广告的灵感来源也是很重要的，传统的广告都是请专业的人士来进行创作，寻找灵感，但是，很多非专业人士没准儿能想出更好的创意，下面的案例就足以说明：

中央电视台早些时候播过主题是有爱就有责任的广告，这个广告创意就是一个非专业人士想出来的，用动画的手法来表现父母，孩子以及家庭的关系。

在这个广告里面，家的英文说法Family被形象地描绘出来，在孩子年幼的时候，父亲就是家里的支柱，母亲就负责照顾孩子，年轻的时候，对母亲的唠叨感觉很烦，想要离开家，出去闯荡，不再听这些唠叨，而真的出去之后，自己也工作了，进入社会了，才开始明白父母的艰辛，但是父母的年纪已经越来越大了，需要自己来照顾他们了。

在广告的末尾，Family变成了家，下面写道"有爱就有责任"，这样的画面让无数人为之动容。

电视台把这样好的作品播放出来，人们也很有感触，也很喜欢，但是肯定不会想到，这样好的作品是非专业人士所想出来的。

这就说明，好的广告，不管是谁想出来的，都可以被人们所接受、所认可，这也是广告之所以能够生存下来的原因，不管是什么样子的广告，受众的标准也可能会越来越苛刻。

随着互联网广告的不断发展，传统的广告人也耐不住寂寞了，但是，做出优秀的作品才是王道，而广告的质量好坏就取决于广告的内容人们想看不想看，只有广告的质量能够保证，才有继续做下去的资本。

广告与营销，相等or融合

在做出优质的广告之后要做的，就是通过各种媒介把广告传播出去，现在的互联网已经占领了很多市场，传统广告人如果还是用原来的传播渠道，只会一点点把自己逼死，在现在的互联网时代，不光是要把原来的传播渠道运用得更好，还要运用新的媒介，这样才能在瞬息万变的市场中生存下去。

新的媒介不断涌现出来，虽然让广告市场这潭水更深，但是也提供了更多的商机，如果其他的广告企业都在运用各种新的传播媒介，而某个企业还在运用单一的媒介，那这个企业就离关张不远了。

现在的广告都是用新的传播方式，与营销相结合，一起来传播从而达到宣传的目的，这样看来，传统的广告公司显然是面临着不小的挑战，那么传统的广告公司就要开拓市场，打开更多的传播渠道，从而让自己的市场空间变得更大。

广告做出来就是让人看的，广告企业一定要明白人们想看的是什么，这样才能有针对性地设计广告，那么，和受众的交流互动就变得格外重要了。

传统的广告和互联网的区别就在于此，因此传统的广告无法做到精准定位，有针对性地设计内容和形式，让客户更好地接受广告，但是通过互联网的平台，就可以了解到人们的心理需求，就可以有准对性地下手，满足客户的心理需求。

这样看来，传统的广告企业也是不能排斥互联网这个平台的，不光不能排斥，还要试着去接受这样新出来的媒介，然后去尝试这样的媒介，同时还要把自己做的广告做得更完美，这样才会挣更多的钱。想要得到最好的广告效果，就要把所有可以用来宣传的工具都融合在一起使用。

真正好的广告，不能把过多的元素放到一起，也不能只有一个元素出现，而是要把用到的元素进行整合，而且要保证元素和元素之间有联系。

在2003年的时候，雅克V9推出了一个名叫《跑步篇》的广告，并在中央电视台播放，这个广告让人很有感觉，也能产生共鸣，并被看作是当年最有创意的广告，在广告里面，代言的明星名巧妙地把产品的功效说了出来：每天吃两粒雅克V9身体每天所需要的9种维生素就能补充完毕。而且广告里面的人都是在不断地运动，这也把体育精神体现出来。

这就是广告多元素整合的典型案例，用简单的方式，把很多的元素整合到一起，由于这些元素之间都是相互关联的，而且和人们的生活很接近，因此很容易让人接受。

有的广告效果不好，就是因为商业的气息太浓，容易让人感觉到不舒服，觉得广告很无聊，现在的广告就是要淡化广告的商业气息，让众多的元素融合在一起，并且让人觉得很自然，也可以让客户看到产品需要宣传的点，这样的广告效果就很好了。

传统广告企业要把营销的概念融合到广告里，这样的话，不但能设计出更好的广告，也能更有针对性，说白了就是哪些人需要广告，就让他们看到广告。

如果想做到这点，就一定要依靠互联网平台，从互联网平台那里获取相关的数据，进行市场调研，确定目标受众群体，然后通过互联网把广告发送到这些人的邮箱，手机上，这样做一个是大大降低了成本，一个可以获得很好的效果。

不仅如此，凭借互联网平台，还可以和受众交流互动，由于广告的针对性，广告的效果被大幅提升。好的广告还可以让企业和消费者直接进行互动交流，甚至卖东西，如果广告真的可以达到这样的效果，广告企业也可以赚到大钱。

有一家广告公司专职为各个品牌制作广告，这家公司看着互联网平台越来越多，越来越火，也利用这些平台来做广告。

去年的时候，这家企业帮一个手表品牌制作广告进行宣传，广告设计出来之后，不光是在传统的媒介上面投放，还在各个网站平台上有针对性地投放，事实证明，所宣传的品牌产品热销了整整6个月。

提高宣传效果的方法就是，利用互联网平台的消费者数据，找出在最近有这种产品需求的消费者，然后向他们打广告，如果这些人想买，直接点击链接就可以，链接直接就转接到企业的销售网站。

这就可以看出，广告就是一种营销的工具，就是为了把产品更多的卖出去，这样的话，就得好好利用互联网这样的平台，通过各种各样的宣传媒介投放广告，让广告看起来更有意思。

广告行业的"战争"也是日趋白热化，传统的广告企业如果还是不把营销放在重要的地位上，就不可能设计出让企业品牌为人所知的广告。如果想做出让品牌一夜成名的广告，就得把体现产品特征的关键点与其他的要素融合，这样一来，广告既体现了产品的特征，还可以让广告看起来很自然，给人很好的感觉。

当然，最关键的还是怎么投放广告，广告企业也必须用营销的思维来思考，把广告投放到最需要广告的人那里，因为这些人购买的动机最强，不管是利用互联网平台还是传统的渠道，在投放广告之前，一定要确定目标受众。

新的技术，新的变革

技术的革新与发展，让新媒体时代日新月异，而信息就是虚拟世界中一定会存在的要素，也是构成虚拟世界中人的一部分，那么就先说说技术的革新所产生的变化，为后面讨论更注重人的新媒体时代做个铺垫。

互联网自然是非常重要的，也算是新媒体时代的基础，互联网时代的出现，彻底改变了工业时代很多的东西，让社会和经济都发生了巨大的改变。在互联网的世界，即使是一个很微小存在，也可以是一个巨大体系中的一分子。就因为互联网把各种元素集合到一起，打乱了原有的形式，才会有现在再打乱互联网形式，把个体分出来的新媒体时代。

遍观现在的世界，互联网把世界联系到了一起，从最开始人们用电子邮件互相联系，到后来有了即时通信软件，人们利用这种软件可以更安全、更方便地与人沟通交流，而电子商务更是打破了原有的交易模式，把所有的交易数字化，网络化，交易更加方便，也更省钱。

基础的硬件设备的发展速度同样让人咋舌，尤其是只能移动设备的发展，移动电话把人和人之间的距离拉得更近，手机和短信成了人们日常交流的主要手段。还有位置的确定也更加精准，从最开始的基站到后来的GPS，还出现了蓝牙这样的互动交流技术，蓝牙再往下发展又出现了NFC（Near

Field Communication，近距离无线通信技术），比较有名的就是RFID（Radio Frequency Identification，射频识别技术），这些技术的出现，让人们的沟通交流变得更加便捷，信息的交流也更加方便，QR编码也在高速发展，现在不但是事物标志，还是信息传递的工具。

现在的手机也是越来越智能化，并且把手机和互联网的功能集于一身，智能手机不仅保留了原来的电话、短信等功能，还可以上网，使用聊天软件，安装各种应用程序，甚至还可以进行电子交易和移动付款。

现在的社会就是一个大的社交网络，而每个个体都拥有自己的话语权，都有自己的影响力，人们在微博上发表的感概，发表对于各种产品和服务的评论，还有对于各个品牌的评价，都会被别人看到，都在影响别人，而别人也可以就这些评论用网络工具来进行交流。在现在的时代，每一个个体都是社交网络中的一个点，都可以参与各种社交的活动中，都可以制造出无数的内容和数据。

现在的时代，是回归到个体主导的时代，消费者的声音和影响力变得越来越强，消费者开始主导交易的模式，也开始主导交易的内容。原来那种企业单向的宣传已经慢慢地被抹杀掉，现在的宣传都是在各个平台上，相互沟通式的宣传，并且有更多的消费者开始制作内容（即User Generated Content，简称UGC）。

企业和客户之间的联系也在悄然发生着改变，交易的主导不再是企业，消费者开始自己去搜集自己想要的信息，也开始和其他的消费者进行交流，共同探讨产品的质量、价格、服务等等，更有甚者想要让企业为自己订做某种产品，来满足自己的个性化需求。

原来的社会关系已经慢慢地被改得面目全非了，现在是无组织和自组织大行其道的时代，在这样的关系里面，消费者和企业的角色的分界已经不再明显，更多的是多重角色的叠加。现在的市场消费者处于主导的地位，并且越来越有影响力，而企业也在思索，未来的定位在什么地方。

草根阶级是市场群体长尾客户群中的长尾客户群，他们是在所有已知的群体中明显处于弱势地位，而且全都是非精英的人。由于这样的地位，在社会的交往中，精英群体更喜欢具有传统媒介性质的平台。而这些草根阶级的人就喜欢更平民化的交流工具，比如QQ、微信、易信等等。这些草根阶级的人利用这样的聊天工具，渐渐形成自己的群体，把众多的草根力量汇集在一起，就形成了市场群体的中尾和长尾部分。

在交流方面，工作和商务洽谈还是用电子邮件比较多，那么精英群体的主要交流方式也就是电子邮件和媒介，或者是精英圈子用的沟通方式。而种草根就是用QQ、微信这样的方式比较多，原因就是他们不需要很正式的沟通交流，大部分都是好友之间互相聊天，比较随意，也不必考虑很多东西。

随着客户的地位越来越高，影响越来越大，营销的方式也在发生着变化，营销的模式从原来传统的方式变为现在的沟通和交流，企业也越来越重视与娱乐和情感相关联的产品或服务的营销，开始建立自己品牌的粉丝群体及粉丝圈子。在营销模式上渐渐地把宣传的重心转移到娱乐和关系上，用很轻松愉快的方式让客户进行体验并且和客户进行沟通，目的就是为了让客户点赞，赢得良好的口碑。

口碑营销是一种"病毒式"销售，这种营销方式不是企业去专门设计然后去做宣传活动，而是消费者内部互相传递信息，让别人知道自己对产品或服务的感觉和评价。当然也有一部分的口碑营销的起源并不是消费者，而是企业的营销人员，他们用很巧妙的方式把信息传递到消费者的圈子里，让消费者知道并产生兴趣，之后就进入了正常的口碑营销的模式。

口碑营销的模式虽然很早就出现了，企业也都知道这样的营销方式，但是社交媒体赋予了口碑营销新的模式和作用。在互联网的世界里面，企业的营销人员可以用一个假的身份混到某个群体里面（当然假的身份要合适），之后就开始确定目标客户群，接着就是对目标客户进行营销活动，当然，营销人员还可以利用微博来进行营销，也可以收买一些比较有人气的、合适的博主来帮助企业做宣传。但是在社交网络时代，每个个体都是有自己的关系网，企业伪装的招式就玩不转了。现在的每个人都身处在不一样的群体里面，都有自己的社交圈子，这样一来，每个人就可以成为口碑宣传的发起点，效果也会更好，这才是真正的口碑营销。

好产品可以自己宣传

好的产品本身就是一种宣传，如果可以把产品做到完美，这种产品自身就是一种宣传，比如Google Glass、特斯拉电动轿车就是典型的例子，不用花心思做广告，只要用产品来说话就够了，甚至有的产品只出现一个雏形，就会有无数人开始期待了。

完美的产品并不是说产品要做得多么精致，功能多么全，只不过就是把原来复杂的事情简单化而已，这就是完美的一种体现。产品如果做到完美了，客户自然会去帮企业做宣传，这就是"酒香不怕巷子深"这样的道理。

如果说产品的完美是指产品的功能方面的话，那么消费者从产品上的道德情感体验就是依靠产品的品牌文化。一个产品，如果能在功能上做到完美，还可以给人情感上面的满足，那么这样的产品，消费者自然会到处去宣传，口碑营销也就有了源头和动力。

说得直白一些，产品的身上有两种属性，一种就是功能，一种就是感情或者说是精神层面的东西，不管是把哪种属性做得好了，这种产品都会让消费者趋之如鹜。

在产品身上反映出的感情或者文化，有可能是来源于功能，也有可能是品牌文化的延伸，不过更多的是两者的融合。

产品从功能上带给消费者一种情感上的满足，让消费者喜爱进而占据市场的例子也不在少数，比如支付宝账单就是一个例子。

说起账单，应该没人不知道，最常见的就是水费、电费，还有手机费、信用卡还款账单等等，但是好像没有一种账单，值得人们拿出去炫耀的，因为这些东西就是花钱的凭据，也没什么好炫耀的，而且也不想让别人知道自己花了多少钱。

在2013年1月的时候，支付宝开始有了个人账单业务，并且把账单发给每个客户，直到这时人们才觉可以把账单拿出去与别人分享。

银行中的传统账单，人们几乎都见到过，就是很简单地把每笔交易列在上面，什么时候花钱了，什么时候存钱了，剩下多少钱，就是这样，很简单的流水账。

支付宝账单则完全不是这样，就拿某个人的年度账单为例，账单是用一块儿玻璃来作为账单的背景，背景的玻璃上面有水汽，寓意着冬天很冷，但是屋子里面很暖和，账单的名字也有特点，内容是"2012我的支付宝生活"，字体是雪花的样子，颜色也是，而且在第二个"2"上面还有一个红色的圣诞帽。这仅仅是表面功夫，内容上更是别具风味。在账单中，有一栏叫作我的年支出，不光是列出了所有的花销，支付宝还把客户的消费排名列了出来，就是这样的比较，让人们起了比一比的念头，也许是自嘲，也许也是炫耀。而且在支出列表中，支付宝还根据消费的种类，把支出划分得更细，比如有多少钱用来买东西，有多少钱是转账等等，而且把每个月的开销做成了图表，简单清晰，在账单中，还有一栏叫作"我的网络生活"，在这栏中，就是通过数据和图表让客户知道自己哪里花钱最多，哪里花钱最少，买的什么种类的产品最多，更喜欢购买什么样式的产品，经常购物的时间段是什么等等，这些都是客户不会关注的细节，但是统计出来就很有趣。还有一栏叫我的消费态度，在那里面支付宝用关键词把用户的消费特点描述出来，比如"省钱""追求时尚"等等。除了这些栏目之外，用户还可以从全面账单里面知道所有人的消费特点，比如新疆的男人最疼爱女人，因为那里的男人给女人买的东西最多。很多很多这样的细节，让用户感觉很有意思，并且引发了分享支付宝账单的风潮。

能够让人们更有感觉，让人们觉得离自己很近，这样的体验人们才会更喜欢，才会去想让别人也知道，才会到处去说。在传统的银行里面，也有庞大的客户数据库，但是银行没有互联网的思维意识。支付宝账单成功的奥妙就在于它用人们最能够接受的方式提供账单服务。人们在看到账单的时候，就又会各种复杂的心情，就会想着要告诉别人，想和别人一起分享，比如有个人，他的账单上显示他的支出排名超过了97.08%的客户，那么这个人就会和身边的人说起这件事，然后这个话题就会迅速成为这个圈子里的主要话题，人们都会在谈论这个事情，而参与的人多了之后，就会按照消费的多少给出各种标签，来标定不同的人群，比如什么节俭型、屌丝型、消费型、剁手型、拉出去枪毙型、枪毙10分钟型等等。一个产品或服务，只要是变为社会的谈资，就肯定会吸引到更多的人，到时候就肯定会不断地扩散出去，让越来越多的人知道。

有的时候，产品所带来的情感冲击是要产品的功能和品牌的文化融合在一起才能出现的。

还有的产品是由于某个事件而产生了情感冲击。

口碑营销的精髓就是让客户感受到这种情感冲击，自愿的去宣传品牌，这就像是当你帮助了别人，别人也愿意去帮助你。

产品自身就是可以用来宣传的，这种宣传的强度就是由产品本身的性能和情感所决定的。如果企业的产品真的可以做到性能完美，或者可以给客户很大的情感冲击，都可以让产品被人所熟知。这样的产品案例有很多，在淘宝上，有一家叫南食召集的网店，里面的温州和瑞安特产都是纯正手工制作，而且都是地道的温州和瑞安味道，这就让很多身处异乡的温州人非常喜欢，这家店的产品从上线开始，就呈火爆的状态，就用了半个月，就把产品卖完了。用产品说话，宣传的效果要比广告墙上好不止一点半点。

现代营销的游戏规则

1. 驱动力不同

营销和传播的原动力是不相同的

营销是工业是其最广泛的宣传方式，有着上百年的历史，人们对于营销的相关知识和理论已经有了非常多的研究，不光是企业能够用的非常熟练，所有的高校的MBA课程中都有非常全面深入的营销课程。从传统的管理学角度来看，营销就是企业用过固定的渠道，投入大量的人力、物力、财力还有广告在市场上，已达到满足现实或未来需要的经营销售环节。

传统的营销原动力是产品的差异性，侧重于产品的功效。为了让产品占据更多的市场，产品的功能会越来越多，差异性越来越明显。举个例子来说，海飞丝的广告语就是"头屑去无踪，秀发更出众"，就显示出海飞丝产品的特点就是去屑功能强大，这也是这款产品与其他的产品的差异性所在。再比如"怕上火，喝加多宝"，这样的广告语也是凸显了加多宝既能去火也是饮料的功能特征。这样的营销方式就是企业告诉客户，产品的功能是什么，差异性在哪里。那么在营销活动开始前的目标客户定位就非常重要了，这是以后工作的基础，只要当目标客户确定之后，才可以决定用什么样的方式来做宣传。而这些问题的解决都要依靠市场调研，而且这个市场调研一定要全面、细致，因此在工业时期就出现了很多规模大小不一的市场调研公司。通过市场调研，可以得到大量的市场数据，再对这些数据进行分析，从而得出结果，企业就可以依据得出的结果制定相应的营销策略，然后开始大规模实施。营销和市场调研的联系是很紧密的，这点从营销的相关理论的发展就能看出来：早在1923年，美国人A.C.尼尔就成立了自己的市场调查公司，目的就是为了得到市场的信息，然后收集这些信息并进行分析，接着对分析结果进行研究，运用这些研究成果来指导企业运行。在20世纪30年代，还有两个人正式把市场调研归入到营销名下，从此之后，就开始有了对市场的研究。

大规模的销售虽然有各种各样的活动形式，但是最主要的形式还是广告和促销。广告就是宣传、促销嘛，当然就是吸引客户购买了。营销的目的也是在基于大量客户的基础之上发展自己的忠实客户和有价值客户。

传播就不一样了，首先原动力就和营销不一样，传播的原动力大部分是客户自己的感觉。产品给客户所带来的完美的感觉和情感冲击都会让客户心动，从而自愿为产品做宣传。微信支付就是一个产品给予客户完美感受的案例，在微信上可以直接与银行卡绑定，而且在绑定后，每次付款就输入银行卡的密码就行了，再后来，微信又增加了AA付款功能，再加上原来的支付功能，让人们再也不用为凑份子钱吃饭烦恼，尤其是现在的上班族，对此更是深有体会，原来的上班族，每天中午都要一起去吃饭，但是吃饭前总是得凑钱，这就必须得准备合适的零钱，如果没有零钱，吃饭让别人付账，自己又觉得不舒服，就很麻烦，微信的新功能就是为了解决人们这样的需求，现在再出去吃饭，就不会再为凑钱发愁了，直接拿出手机，微信支付，多方便。这种产品给客户带来的方便和良好的感觉就是客户宣传的原动力，使用过的人觉得很好，自然也想让朋友和身边的人都知道。

传统的营销基础是市场的调研，但是传播可不会依赖于市场调查，传播更多的与产品的发展同步，产品有所突破，传播自然就会有变化。营销的基础是从市场得到的各种数据，只是表面的东西，而传播就是需要产品更加的完美，给客户更好的感受，所以就要不断更新，不断改进，这是内在的变化。

2. 路径不同

不单是原动力不一样，传播和营销的渠道也是有明显不同的。

营销活动就是靠编织一张大网，依靠大规模的广告宣传，让这个网里的所有人都知道，而电视和报纸就是最好的宣传渠道，但是这样的方式没有目的性，很泛泛，效果不明显。就好比在中国可能没人不知道"今年过节不收礼，收礼只收脑白金"这句广告语，每天都会看到一大堆的宣传广告，人们就会感到十分厌烦，虽然没人不知道，但是真正看到广告去买的人很少，转化率非常低，效果自然就不好。还有就是汽车的广告，汽车厂商都是有钱的主，广告费自然很舍得出，电视台、报纸、杂志，几乎都可以看到汽车的广告，有的广告确实不错，但是买得起的还是小众人群。如果做一个假设，把营销假设成一个人，那这个人肯定眼神不好，就算他明白哪个人是他要找到的，他也找不到，就只能喊，吸引所有人的注意，然后再从这些人里面把自己要找的人挑出来。在以前的时候，生产产品都是小作坊，生产力也不大，市场也很有限，客户群也就是老客户，离得近的，日积月累，人们就都知道了，也就都认识了。但是在大规模生产之后，这样的小市场显然就无法消化大规模生产出来的产品，就得拓宽市场，那么怎么拓宽市场就成问题了，这也就是营销出现的原因。

随着产品不断地被大量生产出来，问题也就随之而来，营销就开始越来越难做。当人们面对的选择越来越多的时候，产品的营销的费用也就会随之增加。由于传统的广告等宣传手段效果越来越不明显，拉拢客户的成本越来越高，使得企业逐渐放弃了传统的广告等宣传手段，因为传统的媒体情况也是越来越差。对普通人而言，电视广告、报纸广告还有杂志上的广告都看得太多了，已经完全没兴趣了，超市里面的越来越多的货架也让人们越来越头疼，找个东西太费劲。这就好比是一堆沙子，外面放了很多的磁铁，那里面有价值的金子的去向，自然也就很明显了。

在这个时候，信任感就变得越来越关键。如果只有一个人来推销产品，就只有这一种产品，没有办法，那就只能买这个产品。但是如果是有很多的产品可以选择，那就只能看信任程度了。传统的营销在信任度打造方面做得很次，大部分就是单向的告知。但是当市场趋于饱和了之后，竞争开始逐渐升温，企业就开始反思，开始注意建立与消费者的沟通和信任，最明显的就是广告不像原来那么假，而且好多的广告不再宣传产品而是宣传品牌文化，还有的走了公益路线，做了不少的公益广告，这些都是手段而已，最根本的目的就是为了打破消费者的戒心，让消费者觉得这个牌子不错，挺靠谱。但是在这些手段基础上建立起来的信任还是很脆弱的。

传播就不一样了，传播在最开始的时候，是先找到一些忠实用户，产品也是做得也是臻于完美，然后通过这些忠实用户来一点点进行宣传。这些忠实用户会把产品的瑕疵反馈给企业，让企业的产品越来越好，这样也会让企业的口碑越来越好，粉丝自然就会越来越多，占据市场也就不是问题了。

3. 信任机制

在上面也稍微提到了一些，传播和营销建立信任的过程是不一样的。

传统的营销在信任度的打造上是做得不好的，大多数的时间都是在单向地推销。而传播确实依靠口碑，通过客户的宣传来把产品推广出去，所以传播对信任度的要求会更高，而传播的根基也是信任，没有信任，传播根本没法进行。

传播所依赖的就是口口相传，依赖于粉丝们的交流圈，而形成交流圈的基础就是信任，在圈子里面的人每天的交流沟通基本都是在互联网上，有个有趣的显现，就是当人们处于一个圈子里面的时候，就会比较平易近人，平时聊天都感觉不错，在过节放假的日后还会互相说点吉利话，而且更愿意去尽自己的力量拉别人一把。成立"快的打车"的陈伟星就分享了自己身边的趣事，他说有一位机场的负责人也在微信群里面，而且这位负责人总会在群里发一些航班的消息，如果群里有人坐飞机，他就会提供服务，有一次有个女孩儿坐飞机，一个男孩儿去接机，他就为这两个人提供服务，让他们尽早见面，而且用微信全程直播，就是想让别人知道，我能帮到别人，我很有用处哦。

在有这样氛围的圈子里面，人们更愿意去和别人交流沟通，也更愿意去交朋友。有个老总，是一个俱乐部的会员，他说自己成为俱乐部的会员也有好几年了，但是这好几年认识的人，还不如有了微信之后一个月认识的人多，关系也不如那些人好。这就是互联网那个圈子的特色，也是吸引人的地方，这种圈子最吸引人的地方就是消除了原来的时间和空间的限制，让人与人之间的交流变得更容易、更自然，这也是互联网经济迅速发展的一个根本原因。

在一个圈子里面的人对别人的戒心就比较弱，人和人之间的信任就容易建立，也就让信息更容易进行传播。土曼有一款产品叫作T-Watch，采取的宣传方法叫极客营销，就因为圈子这种交流的特性而取得了非常好的效果。圈子里面的人会信任同是一个圈子里面的人，他们会想圈子里的人推荐的产品，就算是有些夸张，但还是可以信任的，效果什么的都会不错。这样的传播方式及在此基础上形成的交易，买卖的决不单单是产品和钱，还包含信任和矫情，这和去商场购物都不是一个概念。

因此在现在的社会，如果某个认真地做了一个很惊世骇俗的作品，他可以第一时间让非常多的人知道这件事，然后让这个消息在各个圈子里面传播，这个场景在以前是不可想象的，现在没有了信息的壁垒，就可以实现了。

在众多的圈子里面，还有一种圈子叫作自媒体，它很特殊，就是因为这个圈子的核心只有一个人，其他的人都和这个人有关系，都信任这个人，而其余的人都是独立的，除非是安排他们见面，否则就不会有什么联系。其他的圈子可以比喻成一个网，每个人都是这个网里面的一个节点，当然也和会其他的很多节点相连，而自媒体的圈子更像是轮胎，由一个中心点向外面扩散。

信任的建立是依托在情感之上。传统的营销和客户之间总会产生一定的距离，如果要建立信任感，就得有相互的交流，就需要企业做更多的工作，不能高高在上。这个时代的主角就是那些屌丝，如果企业还是站在高处，是不会有屌丝愿意理你的。但是话说回来，屌丝一族也是需要认可，需要关心的，而他们自身又有强烈的个性，总是说着不屑这个，不屑那个。因此想要融入屌丝群中，最好的方式就是变成一个屌丝。

以信任为基础，也是传播和营销的不同点之一。

第九章

社会化分享：排行榜的动力，朋友圈的魅力

现在在互联网中，越来越多的圈子涌现出来，人们在这些圈子中彼此交流，互相沟通，那么这些圈子对于企业来讲意味着什么，企业又要如何利用好这些圈子来为企业服务呢，看看以下内容为你答疑解惑。

互联网时代的沟通工具

随着智能手机越来越多，手机再也不单单是一个单纯的通信工具，而是拥有了越来越多的作用（当然这些作用是通过手机中的各种应用实现的），其中最显而易见的就是各种即时通信应用，比如，微博、QQ、微信等等。在社交网络时代，人们用得最多的沟通工具就是微博和微信了。这些应用很好地诠释了沟通的作用：快速，隐私，可见。而且还可以几个人在一起交流互动，并且沟通交流的方式也不再局限于文字，现在还可以通过语音，视频，图片等多种方式来进行沟通交流。

在几年以前，不管企业用什么样的方式来阻挡人们使用QQ和MSN，是封锁也好，是监控也好，是禁止也好，就算是QQ和MSN上面有很多的病毒，也要面临非常多的骚扰，仍然阻挡不了时代进入Web2.0时代，阻挡不了人们使用QQ和MSN等即时沟通软件。不管是家人和朋友之间的闲聊，还是工作交流亦或者企业之间的沟通，使用即时聊天软件的情况越来越多。而到了Web3.0时代，微信和微博替代了原来的QQ和MSN，这些软件都是移动环境催生出的即时通信软件的变种，被统称为社交即时聊天工具——MSIM。如果一个企业可以意识到这些软件的价值，并且能够很好地在实际中应用，那么这些软件就能给企业带来很多的好处。

　　传统的企业和消费者之间的交流大部分都是用电话、短信和邮件的方式，但是现在的企业就可以使用MSIM来进行沟通交流。比如快递或者其他的物品运输，就是用MSIM工具，让消费者看到包裹实时的动态，而不需要去快递公司的网站查询，还有任何一个网站都可以用MSIM来协助消费者更快、更有效地进行网站的搜索。

　　人们作为消费者，都是不愿意看到微信、微博又成了各种无聊的营销广告争相进入的领域，也不希望在微博和微信上到处是这样无聊的信息，那么就需要在行业里面形成一个清理MSIM垃圾信息的地方。一个方式就是用以前的许可的方式，就是类似于垃圾又将，屏蔽信息，但是大部分的学者都不赞成这样的做法。从数据上来看，垃圾信息是人们无法接受的，而且在客户端上类似于传统的那种大篇幅的广告，基本没人看。

　　对于MSIM大部分的客户觉得这是一个交流工具，而不是一个宣传平台。所以很多的消费者就反对企业用MSIM来做广告。在MSIM上投放的广告绝大部分都被消费者无视了，因为人们都忙着聊天娱乐，谁也不会去关注这样的广告。如果企业想用微博或者微信来做广告，也是行不通的，大部分人都不能接受在自己的客户端上放广告，就算是有也是无视。

　　如果提供应用的软件企业像现在的网站一样，在客户的客户端上弹出各种消息，那么用户就会觉得自己被骚扰了，就会觉得很不爽。无论是谁，都不喜欢自己和别人聊得正欢，突然蹦出一个消息出来，打断自己与别人的谈话，都会觉得非常烦。

　　但是从理论的角度来看，对于许可广告的产生和发展，行业是可以用合理的方式来进行监管的。现实当中也有例子，现在的电子邮件不就是这样吗，不过基于MSIM的宣传问题，在国内还没有提起，不过如果和电子邮件类似的话，那么真的允许通过微博、微信来做广告和组织营销活动也可以消费者可以接受的，不过如果真的是这样的话，消费者还是有很大可能无视掉的。

　　不用很吃惊，原来的电子邮件就被企业当作首选的营销方式，使用电子邮件，消费者的自主权利更大，我想看就看，不想看就可以删掉或者选择无视，这就让消费者真正主导营销活动。如果这种活动真的可以在微博、微信上搞得话，在形式上也应该和电子邮件差不多。

利用新的沟通手段来营销

没错，现在的时代和市场，就是各种粉丝大行其道，由粉丝来主导，这个情况，企业在微博、微信上的营销活动都已经证明了。

现在，已经有越来越多的企业开始关注年轻人，并把他们当作自己的目标客户，这是由于企业发现未来的消费主体就是适应新消费模式的年轻人。而且年轻人对新鲜的事物总是乐于去尝试，成为了新产品、新工具的第一批用户。不管是QQ、MSN、电子邮件还是现在的MSIM，年轻人一直是时代的先驱，最新鲜的事物最好奇，也最喜欢这些新东西。也许企业有完整的营销渠道，也有营销的市场和各种不同形式的营销活动，还有各种的广告宣传，但是现在，微博和微信才是年轻人的"宝贝"，这种的MSIM工具在年轻人圈子里面非常火爆，而且受到年轻人影响，其他年龄的人也开始慢慢地接受这些工具，因此，企业必须去反思，自己的营销手段和思维方式是不是能跟上时代和市场的节奏。

现在使用QQ和MSN这样的即时聊天软件的人已经开始变少了，那么人们就会想，为什么不用现在流行的MSIM工具来进行文字的交流的呢？要弄明白这个问题，就得先弄明白这两类软件之间的区别，从表面上看，两者没有太大不同，都是在打字聊天沟通，但是MSIM在打字之外，还有更多的聊天方式，比如语音、视频、图片等等。

除了这些之外，MISM还有一个特点，那就是用这种工具来进行沟通的主题大部分都是在相信任的朋友。就好比人们在接到垃圾电话或者垃圾短信是很烦一样，各种粉丝也非常厌烦别人用MSIM工具来骚扰自己。这种态度就好像是大部分人对于垃圾邮件的那种态度，如果你想让别人讨厌你，最快的方法就是把自己好友列表中的人全都骚扰一遍。

还有，如果一个人或者一个企业想通过新的沟通工具来创造比较理想的沟通关系，那么这个人或者企业就必须要对MSIM很感兴趣。对于客户来说，他可以很快地从企业的相关部门得到解决问题的方法，或者得到反映的问题的反馈，这就比较适用于那些已经建立起完整在线服务体系的企业，比如航空公司或者旅游服务企业。

现在有越来越多的年轻人开始使用MSIM，并且MSIM已经融入他们的生活中，成为他们生活中不可分割的一部分，那么企业的营销人员要怎样合理高效的运用这种工具呢？怎么样来使用MSIM来与消费者直接进行对话呢？

企业要依据自己的特性和选定的目标人群的特性，来有针对性地选择使用哪种类型的MSIM工具，然后在不同的圈子里面发起话题，引动讨论，甚至还可以进行市场活动的直播反馈，与厂家的互动问答，当然少不了的就是不断更新的并且很受喜欢的表情。如果这样的方法可以持续进行，并且还是不断地改进，那么企业的营销渠道就肯定会有所开拓。

MSIM也不仅仅是在营销最开始辨别目标群体和融入他们的圈子的过程中使用，还可以在营销活动的其他更多的环节出现。比如在电商平台上，客户在关闭了购物车或者离开网店的时候，店主就可以发送微信或者旺旺消息来对客户进行询问，看客户是对哪里不满意，有什么样的反馈，有什么可以改进的地方。在实体店中，客户离开的时候，手机上蹦出店主的微信，来询问客户的购物感觉及相关的反馈，像这样的比较特别的挽留方式，还有各种小礼物都会让客户感觉很贴心，并且留下很深的印象。但是问题又出现了，企业有没有完善的技术或系统来对消费者的数据进行收集和处理，来支撑企业以后的动作。

说了这么多，那到底MSIM是一个什么样子的工具，是体现潮流的新潮工具还是一个骚扰的手段，还是两种属性都有。

其实工具价值的体现就看人怎么使用。人们会把MSIM还有相关的营销手段当作什么，就看企业能够怎么使用这些工具和手段，让这些工具和手段与粉丝的生活相结合。事实上，已经有了一个明显的趋势，那就是80后和90的首选聊天工具大部分情况下都是MSIM。

当人们发觉，周围的人都在使用微信，用语音交流，然后开始进入微信客户的圈子，使用微信，这才知道，平时一起工作的同时还有很多的客户，人家都已经用了很长时间了。当企业的老总们开始用微信和员工交流的时候，才明白员工用得比自己熟练得多。

因此，无论人们接受还是不接受，MSIM都是未来的发展趋势。或者家里的上了岁数的人还没能跟上节奏，但是他们可以一点点地去适应，一点点地开始学习；但是如果是做营销的，就应该尽快掌握这种工具，并做到得心应手的运用，甚至是去发明一些新的用法。企业可以把营销活动做成一个依靠微博和微信的宣传推广活动，这样的活动与客户来说更有吸引力，企业利用MSIM工具可以把任何一个营销活动的方方面面记录下来，作为以后活动的依据，还可以利用MSIM快速响应客户。

说了这么多MSIM的好，也要说说这个工具的缺陷，在运用这个软件的时候，可以很容易的创造出很有攻击力的手段，或者很有意思的话，但是这些都可能是在政府监管的范围内，而且如果政府觉得手法太过火了，没准儿就直接禁止了。

　　未来的营销趋势还是MSIM，这个东西可以让客户有更多的选择，得到更多的信息。而且如果可以屏蔽掉那些垃圾信息的话，MSIM的有效时间还会更长，也可以为企业创造更多的价值。

社交圈与信任力

其实，在最初的时候，人与人之间的交流，买卖就是以信任作为基础的。社会学家费孝通先生把这样的关系网定义成以血缘关系或者物种类别做基础，从而形成的一种"差序格局"，这样的关系网就好比是一个同心圆，一圈圈地往外扩散，关系的远近就决定了圈子和圈子之间的距离。这样的关系网的优势是显而易见的，由于人和人之间有血缘关系或者是处于同一个圈子，所以彼此都很了解，这样就把交易的风险降到最低。当然也有弊端，那就是市场很小，"蛋糕"就那么大，而且很容易出现赖账的情况，这是一种不好的情况，因为如果市场开始扩大，开始有陌生人的存在，如果还是经常不给钱，就会造成信任度大幅下降，别人不信任你，也很有可能也会赖账，最后的结果就是交易风险被抬得很高。这种情况会发生就是由于在工业时期之前，市场或者说社会都是各个家族并存的状况，而不是所有人都遵守一套制度。这也是传统的中国的经济不能变为西方那种市场经济的原因。

不过原始的社会形态和市场体系却是最有人情味的，可能效率不高，但是不会向工业时期那样变得冷漠，充斥着人性中负面的东西。

伴随着互联网而不断发展的技术和生活，从某个角度来讲，又让人们回到了初始状态。互联网让信息的传播变得更容易、更快捷，也让人们的交际圈子不断扩大，每个人都可以依靠互联网，把自己的朋友圈和亲戚圈等各种圈子连接在一起，形成数不清的一层层的圈子。虽然交际的范围变广了，但是信任还在。

用户思维与信任的关系

让客户感到新奇有趣只是个开始，真正站在客户的角度来思考，就还要需要让客户产生信任和认同。企业要让客户对自己产生信任感，就必须要让自己的产品带给客户意想不到的感受。不光是满足客户对于产品功能的需求，还要满足客户的感官需求和精神需求，给他们认同感及非常好的购物感觉。

有了客户的信任和认同之后，能给企业带来什么呢？打个比方，人们要买手机，比如说买了联想的或者华为的，肯定都会有自己的感觉，最常见的感觉就认为自己买的手机不错，质量什么的感觉都还好。别的感觉就没什么了。但是如果买的牌子是苹果或者小米，那感觉肯定是有明显的区别，因为苹果和小米不光是一个品牌，更是一种文化，一种生活的态度。人们在买完之后一方面是觉得自己买的东西不错，这就是一种信任感，一方面就觉得自己进入了一个圈子，获得了一种认同感。这种认同感就来源于品牌所打造的品牌文化。

1. 获得用户的信任

顺丰速运从成立到现在经历了十几年的发展，但是始终秉持自己独有的市场目标，就是主要运送中端文件和一些小件的运送，不会接大件或者大量物品的运送，在顺丰所递送的物品中，大部分是各种文件。顺丰一改以往的加盟方式，变成了现在的直接控制，也让人们眼前一亮，这个转变也是顺丰的转折点之一。顺丰一直以来都讲求递送的速度，把快速当作客户体验的核心，并且坚持各个环节都按照标准进行，就是这样的坚持，以及对细节的把握，让顺丰的广大客户用的放心，把自己的信任交到顺丰手上。

有了用户的信任之后，就要注意保持住这种信任，并且不断地推广企业的品牌，这也是让客户变为回头客的前提。如果细心观察的话，就能察觉到有一个有意思的现象，就是互联网公司的老总都喜欢出来露露脸，尤其是到处宣传自己的产品里面和经营模式，有代表性的就是很知名的陈欧体。

2. 聚美优品，我是陈欧，我为自己代言

聚美优品是国内首家也是规模最大的化妆品抢购卖家。聚美优品的建立者有三个，分别是陈欧、戴雨森和刘辉，公司建立之初的想法就是建立一个给客户带来便捷，觉得很有意思并且信得过的化妆品购物平台。

说起聚美优品，大家肯定会想到陈欧所说的广告语，也就是大家很熟悉的陈欧体，而说起陈欧体，大家肯定会想到，这是一个免费的广告呀，自己代言做广告，又不用花钱，多好的事情呀，尤其是对一些实力比较弱的新的企业来说。但是光是看到不花钱还是比较片面的，这种免费的代言也是分场合和实际的情况，来决定要不要使用，因为在有些场合做这样的广告效果不会很好。那么就要分析，什么时候可以做这样免费的广告，什么时候不行，最关键的不是省钱，而是广告的效果。

陈欧体的出现从深层次来看有两个原因，一个原因就是互联网的创业人，他们的想法比较多，对于事情和产品都有自己独到的理解，就想表达出来。另一个原因就是创业的人天生就都有想沟通和交流的欲望。不过最重要的还是建立品牌的文化，给企业的品牌注入情感，让品牌更有价值，让所有的客户都了解到，创立品牌的人都是有血有肉的人，都有自己的情感和性

格。这种感觉就好比人们买苹果的产品，喜欢苹果，有一部分原因就是因为喜欢创立苹果的乔布斯本人。与什么都没有的品牌或者单纯的产品相比，有自己性格和情感的人更容易让人信任和认同。同时这个人所建立的品牌也更有内涵，在为品牌设计产品或服务的时候也更容易。

3. 身份认同

上面提到了一些品牌除了让客户觉的产品不错之外，就没有别的感觉了，就是因为这些品牌太注重产品的功能属性，而忽视了产品的情感价值，自然产品就不会带给客户任何情感上的冲击。其实人们想通过产品满足自己的情感需求，更深层次的原因就是渴望一种归属感和身份的认同，就像在产品体验中所说到的产品代表的是一种身份地位，而客户所需要的正是这样的一种身份地位的认同，客户在购买产品的时候不光会看产品的各种功能属性，还会寻找品牌所代表的社会身份和地位。有的品牌这种定位很模糊，客户并不知道自己买了之后会有怎样的一种身份地位，自然也就不会选择。

如果让人们解释，有的人也不搞不懂自己中意某个品牌产品的理由，也不理解为什么有的自己看来很垃圾的产品会有那么多粉丝。那是因为这些人只是关注产品的性能，但是现在的产品，在功能上的区别已经越来越模糊，更应该关注的是产品背后象征的身份或者品牌自己的文化，就是所说的归属感和身份价值。现在很火的粉丝手机，所销售的就不仅仅是手机了，而是一种身份的归属。

就像是中国摇滚天王崔健不就推出了自己的个性化手机，效果也不错，像崔健这样的明星做手机，能不能成，这就得看是什么标准了，如果要是和小米、魅族来比拼，那基本上就是一个败字，但是如果是能赚钱，那应该没什么问题，不过像崔健这样的还是有风险的，因为他的粉丝大部分都是70、80后，一般都是居家理智消费。但是如果粉丝是80、90后，甚至是00后，那只要是配置稍微好点，功能有与众不同的地方，那就能赚得不少。

总的来说，粉丝手机就不是靠手机赚钱，而是靠这种身份的认同感来赚钱，比如买了的就可以向没买的炫耀，我比你更忠心，我就买了，你就没有。这样盲目的人还是少数，不过如果粉丝团的基数够大，就算是少数人来买，这个数量也挺可观的。但是如果想销售得更好、更有效果，那么还是需要有独特的地方，给予粉丝们所想要的服务才行。

有两种方法可以来帮助手机企业更好的销售。

一个是制作手机的个性化外壳，而且最好有明星的寄语或者签名。

第二种方法就是为每一部手机都配备一个专用的产品序号，然后在手机里面内置一个专门服务于粉丝的应用，而要使用这个应用就需要这个序号。这样一来就可以加强手机的身份归属。而针对粉丝所提供的服务也可以有很多，比如这个明星的演唱会或者其他集会的门票，可以参与现场的一些互动，还可以不时收到一些明星订制的小礼物等等，这样一来，手机就不重要了，也并不是买卖的核心，交易的东西其实就是这些服务，手机就是个为服务来服务的工具。

小账号，大作用

网络上每一个账号的使用者都会在社交的圈子里面结识其他人，关注自己想关注的人，也会去构建自己的小圈子，这些动作都是企业需要用心观察的，只要明白了这些，才可以找到最适合企业的融入这些圈子的方式，对于创业的企业来说就更为重要，还可以防止企业盲目地进行投资宣传，有可能企业花了大力气，但是却没用到点子上。

反观社交的圈子，它的特点也给企业或者创业者能够在社交平台拉拢自己的目标客户群提供了方便。先融入圈子和圈子里的人混熟，然后在推广企业的品牌让圈子里的人都关注企业的微博和微信，再让现有的用户关注，这样是比较容易做到的，如果企业希望那些陌生人或者认知程度很弱的圈子中的人关注企业的微博或微信，把他们拉拢成粉丝，那就很难了。因此企业的微博和微信就可以先从老客户下手，先让他们关注。

在微博刚出来的时候，微博的运营部门常常会把一些名人、内容和公司的账号推荐给人们，那么运营部的人就经常会碰到有网站或企业过来，希望可以在微博上推荐自己的账号，这种做法从某个角度上看，的确是可以增加关注的人数。但是随着微博的发展，运营部门就看到他们所推荐的账号、内容和人们的需求有很大出入，这就使得推荐的账号和收听的客户的互动效果很一般甚至都互动不起来。在看到这个事实之后，运营部门就渐渐把推荐的数量变少，而是作为桥梁，让企业和自己的目标客户建立起关系，进行互动沟通。

运营部门对所有过来希望推荐的企业，都会有几个建议：

首先，在自己的网站上发布自己的微博账号，让客户知道并进行关注。

其次，网站定时会群发邮件给订阅的用户，在这些邮件里面就应该写上网站的微博账号，让订阅的用户知道并关注。

第三，开展一些互动的活动，不管是线上的还是线下的，和已经关注的客户更好地交流沟通，让他们去为企业做宣传，把企业的账号和活动告诉更多的人。

如果这些办法都能够做到位，那么起到的效果就是，不光现在的已经关注的客户和企业的关系更牢固，而且还可以通过这些客户，让消息扩散出去，让更多的人知道，也会为企业拉来更多的客户。

微信在有了公众账号之后，就明白微博推荐所造成的负面效果，因此就用了滚雪球一样的方法，就是如果一个公众账号想要等到认证，就必须要有自己的达到认证数量的订阅用户，否则就不会认证。这个做法就让微信公众平台在前期，有大量的餐馆把自己的微信号印在桌子上，让进来吃饭的人都订阅，其他的企业也是通过各种手段，无论是微博还是其他的可以进行沟通的平台，都再不断地贴出自己的微信号，让客户来订阅。在已知的案例里面，还有一些创业企业甚至在实际当中来和自己的客户沟通，让客户订阅自己的官方微信。这些做法的目的都没有区别，都是为以后的活动或者互动打下人数的基础。

就拿招商银行的公众微信来举例，不用微信来推荐，招商银行自己就预备了很多的资源：在自己的网站，广告还有给客户的电子邮件中都添加上微信账号进行推广。结果就是在两个月之中，招商银行的粉丝人数就突破了100

万。这些粉丝就是原来招商银行的客户，只不过就是进入了招商银行的微信圈子，让招商银行以后管理和服务更容易。

在国内，社交网络的发展的第一波浪潮就是以QQ空间、人人网、开心网等为代表的社交平台，只不过在那个阶段，关注的人群还有限，等有了微博之后，就真的是进入了全民关注的时代，随后出现的微信被人们知道并使用的时间更加迅速，先发展的一般都是给后发展的铺路的。通过微博企业所得到的收益让所有的企业都可以看到，也让行业内的企业迅速明白，拉拢客户，增加粉丝的数量才是自己的目标。有的企业感觉自己的效果平平，原因也在于此，企业如果用心去和客户沟通，与客户形成一个良好圈子，就算是花的时间多些，效果也是值得的。在微信出来的时候，企业对此已经很明白了。

企业和创业团队在处于社交圈子的时候，最早想到的方法就是用自己已有的资源和用户群，在微博、微信等社交平台在建立一个新圈子。这就让现有规模比较大的企业中的大部分在占了便宜，抢了先机，这个情况，从相关的数据上就能看出来，比如粉丝数量、点击率等等。从某个角度来讲，最开始出现的社交圈子比如拼的就是企业和人们现有的实力，把这种实力网络化。而赚得了第一桶金之后，就会给其他企业和人们一个信号，让越来越多的企业和创业者加入进来，寻找新的赚钱的机会，就像是微博的老号就是为了满足客户对内容的需求，而微信则是把现实中的客户拉进互联网的圈子。

企业和创业公司不光是想要拉拢到很多的客户还希望把这个过程尽量地缩短，而且还要依托已经存在的客户拉拢到更多的客户，说白了就是鸡生蛋，蛋生鸡，无限循环。不过如果要是没有老客户，没有自有资源，没有庞大的客户数据，那就只能依靠微博或微信的内容来让客户订阅了。而如果想依靠内容让客户订阅，做出来的内容就必须让客户感觉到有用或者有意思。因为如果不是好友推荐的内容，客户选择订阅，很多时候就是觉得内容对自己有帮助，或者未来可能会用到。还有一点也是客户愿意订阅的原因，那就是自身的兴趣。每一个客户都会有自己的兴趣和爱好，他们就是从自己的兴趣出发，来寻找与自己有相同兴趣的人。在这点上，人们可以利用同城的话题搜索、兴趣搜索来寻找。

目标客户的圈子形成之后（关系网络的建立和扩散），就等于是建立起了信息在圈子里面不断传输的渠道。每一个账号，自媒体账号也算进去，都是形成这个社交大网的一个节点，就像现实当中的渔网一样，每个人都变成了一个节点。一方面，信息由于人们或者说账号之间不断地沟通交流，开始不断地传递到不同的节点上，让越来越多的人知道，另一方面，这种网状结构的粘连性就开始显现出来。每一个大型的比较完整的社交平台，用户都会用自己的账号做别的事情，而且做的事情的数量还真不少。腾讯曾经发布了一个视频，里面讲的就是人们用自己的QQ号做别的事情的相关数据。其中有一家叫"美丽说"的网站，在新的客户群中有35%是用自己的QQ号注册的，使用QQ号重复登录的人数与通过搜索引擎登录的人数是一样多的。"唱吧"有一半的人是用QQ号注册登录的。企业或者创业者在推广一个新的业务的时候，如果和大型的社交平台合作，利用或者兼容它们的账号系统，那么用户的数量和转化率都会大大增加，肯定会比自建账号效果要好。

利用这样的关系社区和社交网络账号，使得企业的目标客户群定位更准确。找到以前的用户并让其回来也变得更简单，代价也更低。事实上，这也是很多企业选择与社交平台合作的一个很重要的原因：因为企业和社交平台合作，在社交平台上建立了自己的用户群和圈子之后，就可以不停地利用客户群和圈子，来和客户进行沟通交流，还可以不断地传递消息，组织各种在线活动，还可以通过这些手段把老客户留住，更可以从组织的各种活动、交流和信息传递过程中找到新客户。这些动作都是可以不断重复的，不像有的渠道或者平台只能使用一次。

越新的产品或服务，现有的圈子或客户群能够显示出来的力量和价值就越大，对产品或服务的帮助就越明显。这点从腾讯微博、微信还有其他社交平台反馈的数据上就能看出来。反过来说，社交平台的价值也是通过一个个账号展现出来的：如果一个社交平台的账号体系被很多的企业使用或者融合，那么这个平台的竞争力肯定要比其他的平台强。这就是各个社交网站或者社区都在尽力建设自己的账号系统的原因。

从网络的建立这个角度来审视企业从中盈利，其实是这样的形态：当一个社交的大网铺开之后，里面的内容比较少，很无聊，那么用户就会自己去寻找里面有意思的内容和账号，所以，企业进入得越早，拉拢更多的客户就越容易，这从粉丝的数量和转化率上就能体现出来。比如冷笑话，现在无论什么团队再重新做这个内容，也不会超越现在已经成熟的大号的规模。最早使用微信的自媒体所得到的用户群的质量还有用户群所带来的点击转化率，都是以后的企业没办法超越的。

不过最早进入也就意味着一切都需要从头开始，探索正确模式的成本和风险都是很高的，就好比刚才所说的建立微博的关系网和用户圈子，都是不容易的。而且就算是圈子建立起来了，也会有很大一部分用户活跃度很低，就是我们所说的僵尸用户。这样的现实困难就意味着真正能利用社交网络挣钱的企业并不多。当网络发展成熟后，利润点就会转移，就会产生这样的现象，就是企业拉拢的人数虽然不多，但是这些人的忠诚度很高，而且很活跃。而且从另一方面来说，先进入的企业所创造出的成熟的运营模式，也为以后的企业进入提供了便利

所以说，人际互动往往能够带来大的惊喜。互联网节点之间的互动才是使信息不断被传递的原因。就像前面所说的，信息只要是被创造出来，就有其价值，这种价值就是信息所具有的内容带给人们感触，从而使人们愿意关注，评论点击，进而互动的次数。凭借互动，就会让更多的人接收到信息。

就与分享是一样的情况，再微小的互动如果积累起来，所造成的效果也是很令人吃惊的。人们利用聊天软件的一些功能，给自己建立了一个自己的圈子，但是也屏蔽掉了圈子之外的信息。而这样的互动就打破这层屏障，让信息传递到每一个人，就是想一个放大器，打一个个微小的互动的效果不断放大。

很多企业都会重视互动的数量，企业发布了一些消息或者推出了一些活动，都会查看被多少人评论，又被转发了多少次。有的时候企业为了让信息流通更快，还会让一些粉丝比较多的人或者朋友来转发，从而带动让的人转发或者查看。如果可以让普通用户充分参与进来，那么带来的效果会更好。

第十章

粉丝经济：自媒体与信任力量，社群化口碑经济

在互联网中，对于企业来讲最重要的是什么，不是各种设备，而是客户，是粉丝，是粉丝组成的社群，依靠社群，企业的品牌可以得到更好的传播，企业自然也会得到更多，但是社群怎样建立、怎么运营，企业就要好好思考了。

品牌是船，粉丝是水

假设屌丝文化的中心就是一自我调侃，自我嘲讽的办法来表达"我不满意，我不爽，但是我就在"，那么在互联网世界中的表现就是聚族而居。不管是把李毅当成偶像从而成立的贴吧，还是喜欢《魔兽世界》的朋友聚集在一起成立的魔兽吧，还是因为都喜欢小米而认识的"米粉"、喜欢魅族的就是"煤油"，都是各种粉丝借用事物来认定自我存在的一种形式，都在寻求自己的身份。

在传统的营销概念里面，品牌就代表了一个企业所有的无形资产，是一个企业和企业的产品与其他竞争者不一样的标志。

不过品牌更是一个企业和其产品的表象的特征，一个符号。品牌并非是企业主动运用营销的手段拉拢消费者而形成的，相反，品牌的形成来源于众多的具有同样喜欢的消费者对某个品牌的口碑宣传。品牌是企业的产品和消费者的口碑的融合，是具有相同喜好的消费者的聚合与个性的写照。

创立《连线》杂志的凯文·凯利有一个很有名字铁杆粉丝理论，他认为，无论什么样的艺术作品，只要这个作品有1000个铁杆粉丝，那么作者就不会被饿死。铁杆粉丝与一般的粉丝是有区别的，铁杆粉丝无论作者创做出的作品是什么，他们都愿意花钱购买。他们在买了东西之后，还会让你给签个名；只要是你的东西，无论是什么，他们都喜欢，他们还会期盼你以后的作品，这就是铁杆粉丝。

虽然凯文·凯利的理论最初根据图书的创作和市场得出的，但是也可以用在其他的把目标锁定在长尾市场，想在长尾市场建立自己的品牌的企业。

1. 粉丝可以直接产生价值

在以前，企业的产品和使用的人之间是基本没有什么关联的，虽然也有一些追捧的人，但是很难把这些人叫作粉丝，因为互相都没有沟通也没有沟通的渠道。品牌和客户之间的联系就是单纯的企业卖，客户买，就算是有的企业有VIP服务，但是这种服务方式也没什么特色，客户对于品牌只是停留在认识、知道的层面。但是到了互联网时代，粉丝不光是企业建立品牌的基础，更影响着品牌的价值。品牌和粉丝之间的沟通也是企业经营的一个环节，甚至可以这样说，没有粉丝，就没有品牌。

根据数据显示，企业与Facebook合作宣传的品牌，其粉丝价值从2010年到现在一直在增长，增长幅度达到了30%，现在与Facebook合作的企业的品牌，平均下来，每个粉丝价值174美元。

当然不同的企业，不一样的品牌，粉丝价值也不一样，比如每个宝马的粉丝就价值1000多美元，而可口可乐的每个粉丝就价值70美元。

不过据Facebook发布的数据显示，可口可乐是粉丝最多的品牌，有3500多万人，其次是星巴克，有3000多万人。

由于品牌价值的多少已经受到在社交网络中粉丝数量的很大影响，所以很多以前都不看重社交网络的企业也都开始重视这一块儿，开始用网络社交的方法来建立一种与客户长期沟通的渠道。以耐克为例，以前耐克的品牌价值都是依托传统的媒介体现出来的，但是最近几年，耐克花费在传统媒介上的宣传费用降低了将近一半，不但开始自己来建设企业品牌的社交网络，不再外包出去，而且还请来了相关的高手进行管理和具体实施。这样一搞，耐克很快发布了自己的相关APP，并且依靠这些APP迅速拉拢到了上千万的铁杆粉丝。

在国内的市场上，小米无可争议的是粉丝经营最好的品牌。只是在QQ空间这个平台上，小米就有拉拢了1500多万的粉丝，在微博上的粉丝数量有500多万，在微信上有140多万的粉丝。正是有了这样庞大的粉丝群，小米才可以在双十一的时候，创造出仅用3分钟，单店就有了上亿元收入的奇迹。

会有很多人不明白，小米的净收入只有几十亿元，怎么投资企业却给估值到100亿美元呢？当然投资企业都不是傻子，他们之所以这样估计，就是看到了小米潜在的粉丝的价值。就好比Facebook在刚刚上市的时候，净收入只有10亿美元，但是投资企业却给它估值到1000亿美元。

2. 粉丝养成记

（1）最初被产品魅力吸引

那么，到底什么样的品牌能拉拢到更多的粉丝，粉丝更喜欢什么样子的品牌呢？

这就要看企业的产品了，还有就是产品可以给客户带了什么好处。

传统的营销思维就是觉得品牌的价值是其传播能力所决定的，覆盖的范围越广，品牌价值越高。这种看法是比较片面的，传播自然是很重要，但是传播的内容更重要，无论什么样子的传播基础都是品牌自身的魅力。只有品牌自身的魅力大，可以得到粉丝的喜欢，这样才会得到很好的传播效果。如果品牌得不到粉丝的支持，那么覆盖的面越广，投入得越多，亏得越多。

产品的功能现在既然已经细分成物质的和精神的两方面，那么打造品牌的完整内涵，也需要从这两个方面下手，即在物质方面，把产品的功能做到极致，在精神方面，能给客户带来情感的冲击。

管理学家亚德里安·斯莱沃斯基曾经提出一个产品的公式：

魔力产品=极致的功能×强烈的情感冲击

（2）爱上品牌背后的"人"

社交的圈子不但是可以让品牌和客户进行1对1的沟通，还有一个作用就是逼着每一个品牌做到以诚相待。

在工业时期，报纸、杂志还有电视这样的传统的宣传媒介都有一个最大共同点：它们可以把宣传的口径统一，然后把统一之后的内容进行宣传，进而影响受众。所有的营销的高手都很清楚这些媒介的做法，知道怎么样才能影响消费者，让消费者愿意花钱。保洁在1965年的时候，利用几个在黄金时段播出的广告，就让品牌覆盖了美国八成以上的成年观众。不过，随着消费者的自主意识越来越强，消费者已经不再是以前那个"受众"了，它们已经厌倦了类似"您的来电对我们来讲是很重要的"这样单调的回复，他们对与真人一起沟通交流更感兴趣，更喜欢企业中的真人而不是电话录音，这样的交流在消费者看来更随和、自然，也更诚恳、有意思。不管交流的内容是什么，对于交流的双方而言，基础就是诚信。

小米在创业之初，七个合伙人有一个约定，每个人每天都要抽出至少一个小时在微博上和粉丝交流，甚至会让技术工程师去参加在实中和粉丝互动活动。这样做是有意义的，一方面，粉丝们可以和一个个真实可触摸到的人去进行交流沟通，感觉更真实，而不是虚拟形态下的客服人员甚至是电话录音；另一方面，工程师也可以了解到客户的心思，可以更深入地和客户交流，切切实实感受到自己工作的价值，而不是一堆堆的数字和表格。

有一家名叫黄太吉的卖煎饼的小店，这家店可以说是蹿红，一夜之间声名遍地，但是这家店在宣传上没花过一分钱，就是依靠客户的口碑进行宣传。成立这家店的赫畅道出了自己的绝招：要诚心诚意地和客户打交道。直到现在，黄太吉的所有微博都是他自己一个人在操弄，所有的回复也是他一手经办。好多的客户就是因为对他这个人感觉不错，就开始对这个品牌有好感了。

3. 为了自己的付出而坚守

可口可乐从始至终都很注意自己的包装，它的包装样式从刚开始推出就一直没变过。但是近年来一反常态，在全国展开了换装的活动。可口可乐搜集现在在网上比较火的词语，根据这些词语制作了一批新的名为"昵称瓶"的新包装，比如"小清新""学霸""文艺青年"等等，可口可乐把这些很热门也能突出人群特点的标语印到包装上，客户如果看上自己喜欢的了，只需要去可口可乐的官方微博选中自己喜欢的标语，然后用微博付款，就可以得到自己想要的那款产品。这个活动刚出现，就得到了很大的反响，原来的可口可乐万年不变，但是现在看着很有意思，也灵动了起来。

社群创造品牌价值

伴随着用户数量的增加、计算能力的提高还有各种网络工具的不断丰富，互联网越来越像一个人人都能用的超级计算机，人们每天在虚拟世界中度过的时间越来越多。在互联网还处于PC端的时候，人们上网还受到空间的限制，因为你必须有一台电脑，但是到了移动互联时代，空间的限制就已经不复存在，人们用自己的手机就可以随时随地上网，而且依托于互联网，人们可以把周边的事物都联系到一起。互联网不但把实际生活中的圈子进行扩展，还让陌生人之间的交流变得容易，人们可以依据自己的喜好、兴趣，查找到与自己有相同喜欢、兴趣的人，然后就两个原本是两个圈子的人就到了一个圈子里。互联网也并不再是原来那样的虚拟世界，它变得越来越清晰，让人们感觉也越来越真实，互联网不光是让人们的沟通交流，娱乐交易变得更容易、更快捷，也在帮人们把生活中的一点一滴记录下来，虚拟世界与现实世界的边界已经越来越模糊。互联网也变得更加有感觉。

1. 正和岛：企业家社群的样板

微信车队是一些人自发成立的组织，目的就是为了挣钱，但是"正和岛"里面的人组成圈子更多的依据有一样的身份地位和一样的兴趣喜好，它表面上看起来和以前的各种协会、俱乐部这样的组织没什么区别，但是真正进去之后，就是发现不一样的地方，"正和岛"的会员基本都是身份差不多的企业家，而这些人就会根据自己的兴趣和喜好在"正和岛"的内部再建立更多的小圈子。"正和岛"就像是一个大的平台，它采取非常严格的管理制度——实名登记，会员制度，收费，还可以邀请，而且入会的会员必须是企业家，所经营的企业年收入要在1亿以上，企业所经营的内容要对社会有好处，会员所在的企业要在会员入会前的三年之内都没有什么违法违规现象，入会之后还得遵守会员制度。这样的做法基本可以保证会员都是好人。

正和岛五条戒律：

1．必须要坚持以诚相待；

2．必须要坚守职业道德；

3．互相尊重；

4．遵守原则地行善；

5．享乐也要保持清醒。

正和岛六条行为规范：

1．要对事情或者别人的言论有客观的判断，然后发表一些有价值的言论；

2．一诺千金，从不食言；

3．互相理解，互相尊重；

4．不轻易让别人帮忙，不死缠烂打；

5．不在会里面打广告，不发表一些没有价值的帖子；

6．保证岛内的信息不轻易外泄。

正和岛与其他社会的组织不一样的地方就在与会员之间会自己再建立圈子。正和岛虽然也会组织一些活动，但是在组织内部，各个会员之间还会根据兴趣爱好再建立起属于自己的圈子，这是正和岛最活跃的部分。

在正和岛内部有一个叫"非创意不传播"的部落。这个部落现在有300人的规模，都是全国各地的会员，在每个工作日都有自己的部落里面的人针对自己的专业和兴趣分享一些经验或者有意思的事情。这个部落已经成立好几个月了，部落里面的人总共有过200多次有意思的分享，分享的话题涉及的领域很广。部落里面的人虽然都是企业家，但是分享的内容都有自己独到的理解和一定的深度，甚至还有出版机构愿意进行编辑出版。

在正和岛里面，还有许许多多这样的部落，比如"优兰会"（部落成员都是女性）、"互联网俱乐部"、"投资互助委员会"、"电商互助委员会"等等。这一个个部落就像是一个个的小岛，构成了正和岛这个世界。

2. 社交网络催生了自组织的"社群"

在工业时期，满目都是各种各样的机器，虽然"个性"这个东西往往让人觉得很另类，不符合常规，但是这也是人们追寻的目标，也正是这样的另类还有最真实的个性，让人们觉得这个机器世界还是有人性的。

在工业时期，宣传几乎都是单向的，要想展示出自己的个性太难了，就算是如凡·高、高更这样的大师级的人物也不被当时的人们所重视，这不能不说是时代的遗憾。在那个时期，就算一个人再有才华，如果不能被人们熟知，不能让大众传媒为其宣传，那也注定是悲剧。

但是在现在，进入了互联网时代，这就不是问题了。因为人们都是互联网世界中的一个信息节点，都可以建立起自己的社交圈子，每个人都拥有宣传的工具和渠道，只要你有真本事，就可以展现出自己独特的一面，让自己与众不同，自然就可以被别人关注，得到宣传。人是可以这样出名，产品也一样，极致的功能，出人意料的体验，据此就可以形成产品独特的地方。"酒香不怕巷子深"就是这个道理。

现在的问题，不在于怎么宣传自己的个性，而是要找到适合自己宣传个性的圈子。希望能够进入这个圈子，和志同道合的人一起聊天、合作，一起活动，这都是人的基本诉求，只不过在互联网没有出现的时候，这样的诉求很难实现，因为沟通和传播成本很高，每个人就被限定到自己固有的圈子之中，空间的大小就决定了圈子的大小。

而有了互联网之后，人们之间的沟通壁垒就被打破了，从理论上来说，在六度（Six Degrees of Separation）以内，人们可以认识所有的人，只要是他想，因此，每个人的关系网都要重新建立。这种重新建立起来的关系网，就是现在的社群。

由于是出于人们自己的想法，意志才会建立社群，并不是外力强加的，社群只是拥有相同兴趣爱好的人们的大集合，随便来，随便走，这样来来回回，剩下来的就是真正拥有相同兴趣爱好的一群人。

就像是上面所说的微信车队，正和岛中的一个个部落，还有明星的追星族和品牌的粉丝，都是这样经历了反反复复人员变动之后形成的群体，虽然从表面看起来这些群体很散，但是这些群体的生命力和影响力却远大于以前的协会或者俱乐部这样的组织。

如何做好社群，吸引大量粉丝

1. 从关注到社群

美国斯坦福大学有一个由生物学家NoaPinter-Wollman所领导的科研团队，这个团队曾经做过一项以红收获蚁（Pogonomyrmexbarbatus）为对象的研究，主要研究其行为，研究发现，这种蚂蚁可以用自己分泌出来的一种化学物质当作交流的工具与同类进行交流，根据观察，一只蚂蚁可以和40只同类的蚂蚁沟通交流，而且观察的蚂蚁里面有十分之一的蚂蚁可以把消息传递给其他100只蚂蚁。这样传播信息的方式就是社群（community，也有称为Social Network，社交网络）的由来。

赛斯和高汀觉得，是人构成了这个社会，那么人就会不由自主地进入各个圈子。一帮人建立一个社群只要满足两个条件就可以：一个是有相同的爱好，一个是有合适沟通方式。人们总是对联系和新鲜事物有兴趣，并且喜欢变化，在人的本性中就渴望有一个归属。

在传统的已经模式里面，只有客户买了产品或服务，才会有相应的感觉，而且好多的企业不会在意客户买完产品或服务之后的感受。而在现在，只要人们关注企业，就会对企业有所感觉。只要人们有一些动作，比如关注企业的微博和微信，就已经算是企业的客户了。用户思维就是要依靠给人们良好的感觉，让人们关注，然后有兴趣，最后变成客户，成为粉丝，甚至建立一个社群。

运用客户思维来经营，最终极的目标就是建立客户的社群，如果不了解社群的力量，只要想想宗教和信徒就可以明白了。当然这就是打个比方，商业社会里面的社群肯定不能像宗教一样。商业社群的基础是产品，优化的手段就是好的感觉，最后形成产品特有的魅力。产品的功能如果做到极致，可以给客户带来完美的感觉，产品的影响力就会被无限放大，粉丝新城的社群的感召力也是被无限放大。

进入移动互联时代，尤其是在有了微信之后，让组建一个社群变得不再困难。依托于互联网，人们就可以相互沟通和联系，形成一个互相交叉的关系网。这个网里面的人兴趣一样，爱好相同，相互之间有着很高的认同感。要把一个社群维持下去，运营好，最关键的有两点，一点是打动，一点是互动。

打动：用户思维就是思考如何去打动客户，在设计产品或服务的时候，要让产品或服务有可以打动客户的点或者可以给予客户想要的情感，满足客户的心理需求。如果用蚂蚁的行为方式来解释，就是要先有一个吸引蚂蚁的蜂蜜。

互动：在引起客户的兴趣的之后，就是要思考怎么样让客户互动起来，建立社群。在这个过程中，一方面要注意选择合适的互动工具，在线上的话，一般会选择微信、微博、QQ群等，当然如果有实力的话，也可以自己开发新的工具。另一方面就是要进行互动，互动有线上、线下两种。最终的目的就是要组建一个个的小圈子，让客户进入这一个个小圈子中，实现各个圈子的交流互动。

2. 黄太吉煎饼创始人赫畅的分享：黄太吉的社群运营

做了这么长时间了，黄太吉的营销策率说白了就是不断地沟通交流。黄太吉的经营者每天都要上微博去处理相关的评论，发布消息，还有就是发送私信与私信的反馈。在私信中，只要是有说服务不满意的地方，黄太吉就会马上处理，一般情况就是客户在反映之后的5分钟内容，就会得到反馈，黄太吉还会把这些互动的内容发送到微信群，在群里面有专门的人去进行追责，如果客户反映的是对的、真实的，黄太吉就会向客户道歉。

黄太吉之所以愿意做这些事情，就是因为黄太吉愿意和客户交朋友，平等地交流，黄太吉曾经办过一场收费演讲，结果票都卖光了，很多的社区或者交流平台也会举办这样的活动，但是在休息的间隙，就会有很多人离开，但是黄太吉的演讲在休息的时候，一个人都没走。人们在网上都会看到各种评论，有好有坏，但是在黄太吉的评论中，99%都是好评，只有1%是差评，而如果在差评中有具体的建议或者说的是具体的问题，黄太吉会立刻处理，能做到这些，黄太吉怎么可能走不远。

现在的结果都已经说明，现在的产品究竟是个什么工具。现在的产品就是一种企业宣传自己文化和内涵的手段，所以黄太吉信奉，优秀的企业或者成功的企业，产品就是企业精神的物质化的产物，一般的企业或者是失败的企业，口里所说的企业精神就是产品的遮羞布。现在转过头来看看，黄太吉还是在发展现有的一些基础产品，希望把这些产品做到完美，给它们注入不同的文化内涵。这是因为在回顾2012年的品牌榜时，黄太吉发现，榜首的是苹果，最牛的公司，第二名是谷歌，因为其创造力很强，排在第三的是可口可乐。可口可乐几十年都没变过，都没什么新产品，为什么品牌可以排到第三的位置。

理由是什么，排行榜上的前十一家里没有中国企业，都是被国外的企业占领了。中国已经有了阿里巴巴、腾讯、百度，这些企业的品牌为什么不能战胜国外的肯德基、麦当劳和可口可乐呢？为什么中国就没有一个可以走向世界的自己的品牌呢？黄太吉觉得就是因为现在的企业缺乏建立社群，创造企业文化的能力。现在天时地利都有了，或许经过十几二十年，现在的客户就可以支撑起一个属于中国的世界品牌，因此，现在黄太吉看重的就是社群，社群的潜在价值是非常高的，黄太吉有了今天的成绩，一半的贡献源于内部员工，一半的贡献就来源于客户。

善于利用社群创建品牌

在一个微信的交流会上，北大的社会学专家姜汝祥说了他自己对于未来电商模式的预测："现在依托于移动互联的电商2.0时代在全球范围内才刚刚开始，而中国的电商更有优势，因为中国客户对交流沟通的需求要远超过西方客户。微信的价值就体现在，它可以成为部落电商的基础，人们利用微信聚集到一起，形成一个个的圈子。依托于移动互联的部落电商模式刚刚起步，未来的前景很好。从这个角度来看，如果一个企业想做电商，就要做以客户客户聚合为基础的电商，否则就亏了。

以后主要的电商模式就是社交化的电商模式吗？这个问题其实很好回答，看看小米的崛起，再看看阿里巴巴最近的动作，就会明白了。相信未来的微信和来往规模会更加庞大。

社交化的电商所比拼的不是谁的资源多，而是谁有更多的客户。

因此，以后企业的战略部署，一定要以目标客户所在的圈子为基础，之后再开展经营活动。

当客户都是一个网，而不再是一个点的时候，就会有更多的品牌去为客户打造交流平台，当作客户与客户之间交流的桥梁，之后建立起社群，在这个圈子里面发布适合圈子的消息与主题，让客户们进行互动交流，比如化妆品企业就是建立一个社区，里面定时发布一些美容常识、化妆知识。那么从客户的立场来看，他们在这个圈子里最想得到什么呢？他们喜欢以什么样的关系来和企业打交道呢？这些问题都是企业在建立社区之前所要思考的，而这些问题的答案就是建立社区的基础。

实际上，建立的社区就是把企业品牌和客户连接在一起的桥梁，而这座桥还可以帮助企业解决四个方面的问题：认知、兴趣、反馈和购买。客户可以通过企业建立的平台进行相互之间的交流，当然也可以和企业交流，而企业就可以知道客户对品牌的各种意见和想法，从而做到有则改之，无则加勉。

现在最有名的品牌社区就是耐克建立的Nike+跑步者，现在这个社区的规模是全球最大的，已经有了300多万来自不同地方的跑步爱好者加入的互动平台。

耐克前前后后一共启动了好几个项目，这些项目的实施，可以让跑步的人，利用和球鞋进行无线连接的各种电子设备，很清楚地知道自己跑了多长时间，跑了多远，消耗了多少热量，还可以把这些数据传到社区上，让别的跑步爱好者知道，甚至还可以比较一下。如果客户使用的是苹果的设备，就可以利用手机里面的应用软件直接进入社区。

在品牌社区中，用户才是主角。企业就是建立这个一个交流平台而已。企业要展示出想要和客户沟通的愿望，然后发布一些客户更有兴趣的内容，通过这样的方式把社区建起来，之后在平时的社区活动和交流中，就宣传自己的品牌，让这些品牌已有的粉丝来帮企业进行宣传。有一个实实在在的企业会让社会更有优势，魅族就是一个典型例子。

魅族是现在国内比较好的时尚智能手机品牌，魅族建立的品牌社区是把沟通放在首位，强调品牌和用户之间不断互动，用户和用户之间不断互动，然后利用这种互动增进品牌和用户之间的距离以及客户对品牌的认可度，再根据客户对产品的反馈改进产品（改进功能和让客户使用的有更好的感觉），通过这样的办法来增加销售量。

更引人关注的是魅族在全国各地的粉丝团（比如"魅友"俱乐部）都很活跃，在企业建立的社区中都争相参与产品测试并发表自己的意见，为企业提供一些好的建议，有的用户还会开发一些软件，在实际中组织一些活动，甚至还有《魅友之歌》，这些有意思的互动和交流就是品牌最好的宣传手段。几乎没有那个中国企业可以像魅族这样有这么多的粉丝不离不弃，一直喜欢它的产品、品牌和文化，并且很乐意参与到产品的设计、品牌和文化建设的活动中。这样的情形直到小米出现才被打破。

魅族的成功，提供给以后的企业一些好的经验：

1. 要把建立社区和把社区很好地运营下去当作企业的重要事情，然后依靠市场和宣传把客户拉进已经建立起来的圈子。

2. 在圈子中不光要给客户提供基础的服务，为了把网友拉拢住，老板也要放下身段，积极地和客户进行交流，为他们提供服务。

3. 要把客户与客户之间的互动当作社区运营的重要内容，用这种客户之间的互动把客户留住。

4. 最关键的就是互动，但是企业要想好如何互动。

不仅是线上社区，现实中客户网络的建设也是同样。最经典的就是苹果的实体店，里面的装饰很豪华，让人很享受。乔布斯曾经说，苹果的实体店不光是个商店，还是苹果客户交流沟通的地方，在这里，苹果的客户还是体验苹果的新产品。这就是乔布斯建立其品牌的理念。

建立品牌社区，是企业一个可以精确定位并且效果很好的沟通方式，可以把企业和客户之间的距离大幅度缩短，还可以增加客户的忠诚度。除了这些好处之外，还可以给客户与企业带来其他的好处，一方面，企业和客户之间可以找到共同话题，发现彼此需要的东西；另一方面，品牌的打造需要企业和用户一起努力，二者之间的关系就与以往完全不一样了。

总而言之，随着进入社会媒体时期，个体的表现力越来越明显，个体的声音（比如评论和相关的意见）对其他人的影响越来越强，企业的广告对客户的吸引力越来越弱。现在，企业已经不能完全掌握企业的品牌了，用户开始参与到品牌的建设活动中来。企业主导已经是过去式了，用户在以前的时候是被销售对象，现在则是企业品牌的建设者、宣传者。在现在这个客户主导的时代，用户参与不再是流于形式的过场活动，也不再是一句空话，而是一场彻底的改变。

现在，企业、品牌和客户之间的关系也发生了很大的改变。企业和品牌的最终的目的就是满足客户需求，从而获得利益，说白了就是赚钱。在原来，企业和品牌的思维方式是先投入很多资金去宣传，做广告也好，搞活动也好，就是让更多的人知道，然后就把产品或服务卖给他们，接着让这些客户成为自己的忠诚客户。而现在的思维方式是，由于在社交媒介上，每一个人都是一个信息传播点，所以品牌打造的顺序是，先拉拢一批忠诚用户，然后让这些忠诚用户进行口碑传播，最后拥有更多的客户。以前传统的传播形式就是广告，必须要依托媒体进行宣传；而现在的社会传播是通过人，人是传播的媒介，企业想要进行更广泛的传播，必须要依托于客户。

社会化媒体和互联网给企业带来了很大的变化，不光是有了新的沟通方式，而且还改变了企业的各个流程，把企业的整个组织结构和经营模式都改变了。

社群千千万，哪种社群适合你？

粉丝的信任

不管是害怕还是期待，企业都要迈入互联网时代，进入社交圈子，那么在进来之前，企业就要弄明白，企业不是来随便看看，玩玩闹闹的，而是来运营的，要建立起企业自己的社交网络和信任度，建立起企业的粉丝社群。

无论商业模式如何变化，信任都是发展的前提，而社交圈子就为企业提供了便利：可以把企业和客户之间的信任度具体量化，用数字呈现出来，而在传统的经营模式中，要对信任进行量化是很难的。所以，企业要建立社群最关键的就是建立起信任。企业的社群运营则要把建立信任作为主要工作，主要就是拉近与粉丝的关系和挑选互动的内容。这种运营不是仅仅持续一段时间，而是长期的行为，还要把企业的长期战略从社交网络的角度进行分解和细化，从而构成完整的对粉丝信任整合运营的方法。

粉丝信任运营对于企业来说是很有意义的，它可以让企业避免短期的投机，或者太过注重依靠社交媒介卖东西，而忽视了人的重要性，忽视了信任运营的整体性和长期性，还有系统的规模化、标准化和量化。

因为信任的实质就是企业和客户之间建立起来的信任关系，所以重新建立与客户的信任就是重新建立起这种关系，而要建立起这样的信任关系就得对关系进行维护。而互联网的社交与传统的实际环境的区别就是，在传统的实际环境中是没办法对信任关系进行量化的，无法量化出来就代表着很难进行后续的各种操作；而基于互联网的社交网络的信任关系是能够被量化出来的，因为在互联网上的信息都是数字化的，社交网络自然也不例外，那么就可以依照信任模型把这些数据找出来，再对信任关系进行量化。综上所述，社交网络就是企业重新建立与客户的信任关系的最佳环境。

而且由于信任的关系是企业和消费者之间单独的关系，所以有大众宣传性质的社交工具就不好用了，比如微博，而类似于QQ、易信、微信这样的工具正合适。因为智能手机的普及，以及手机所拥有的便利与快速的特性，所以手机上运行的微信、易信等工具就变成了企业与客户沟通，重建信任的主要工具。

品牌社群

很多人都喜欢把苹果的粉丝和小米的粉丝当作研究对象，进行分析，都喜欢把1000粉丝理论或个性化建设挂在嘴边，但是往往忽略了一点，也是最重要的一点，那就是不管是苹果还是小米，他们最本质的经营模式就是品牌社群。

早在2001年的时候，国外的两名学者Muniz和O'Guinn就明白的说出了"品牌社群"（Brand Community）的概念，所谓的品牌社区就是社群，只不过社群中的人都是在使用同一个品牌，而且社群是建立在完整的社会关系之上，专门化，并没有地理的限制。

品牌社群打破了原来的地域界限，并不按照地域来建立，而是把对品牌的感情当作建立的基础。在品牌社群的概念里面有三个方面的内容：第一，品牌社群，顾名思义，品牌才是社群建立的基础，因此社群也都是特定的；第二，品牌社区的建立能能打破空间的限制；第三，品牌社群建立的基础是一群使用同一个品牌的人，这些人都拥有完整的社会关系，品牌社群就是一种特殊的社群。

Muniz和O'Guinn也都说到，品牌社群的特殊就在于共同意识、相同的仪式和传统，还有就是责任感。

共同意识：就是社群中的人要有一个共同的思维，比如都喜欢同一个品牌并使用，以此作为彼此交流的基础，并且也是和社群之外的其他人相区别的特征。

相同的意识和传统：品牌和社群的意义就是依靠一样的仪式和固有的传统来传播，也让社群的文化，意识等精神内容不至于消亡。

责任感：社群中的人都会有一种责任感，就是为社群负责，为其他的群成员负责。

上面所说的三个与众不同的地方就是品牌社群实质所在，也是建立品牌社群的前提，无论是少了哪样，都不可能把品牌社群建起来。

西方的研究社群的人一般都会给出这样的社群定义：社群就是一个实在的组织，只不过这个组织中的人有一样的价值，行为准则和目标，而且每个人都会把社群的目标当作自己的目标。由此看来，品牌社群也是有着自己的统一价值观和目标的，在进行管理的时候，要建立起相关的制度，进行等级和角色的区分，来把粉丝区分开，然后利用权力和责任的分配，有奖有罚的手段来影响和干预社区的行为，提升群成员或者群外人对社群的认同感。

提升社群的认同感，就可以加强群成员之间以及群成员对品牌的信任，也可以增进群成员之间的关系及共同意识，让社群情感更充沛，这样也可以使社群的行为效果更明显，也可以为群成员带来更多好处。在建立品牌社群的时候，维护品牌的关系以及充分调动和利用资源是非常重要的，同时还要把品牌背景和文化内涵建立完整并注入社群中，提供群成员沟通和交流的需求，变成群成员都认同的品牌要素。

一个品牌社区中包含的各种关系还有规范其实都是特殊的社会资本，这就需要品牌把社会资本重新建起来，并且还要给予足够的重视。

《品牌密码》这本书的作者帕特里克·汉伦对汽车、手机、衣服、牙膏和吃的物品等的品牌社群做了大量严谨的分析，他觉得，如果要把一个品牌社群运营好，就必须要做到以下几点：要有品牌故事、要有品牌的文化信仰、要有社群的偶像、要有完整的制度，要有敌对者，要有相关的仪式，还要有好的领导。为什么要有敌对者呢？因为如果一个品牌有很多敌人，那么社群的危机意识就会增强，社群里的人就会不由自主的团结在一起。

下面来具体说一下：

品牌故事：这是建立品牌仪式的基础，也是构建社群精神的前提，更是粉丝之间需要讨论的内容，是粉丝认同品牌的重要原因。

品牌文化和信仰：这就是粉丝聚集到一起的原因，也是群成员的共同想法，就好比小米的"快到极致"，粉丝们都会去跑分，小米的众粉丝在买到新机子之后，都是在第一时间跑分。

偶像：这个就是群成员共同喜欢的一个人，可以是企业的标志性人物，比如乔布斯，也可以是某个明星或者团体。

完整的制度：在社群内部，也要有相关的制度规定，也要有权力分工，角色扮演，不同的群成员要充当不同的角色，有不同的权力。还是拿小米举例，小米的论坛只会邀请够级别的人，在社群里面也有不同的奖惩办法。

敌对者：上面已经说了，一个好的社群总会招来其他品牌的嫉妒，而这些人确实会给社群带来一定的负面影响，但是也会让社群中的人更加众志成城，因为谁也不愿意别人说自己不好。

相关的仪式：是群成员得到身份感最直接的手段，也是群成员忠诚于品牌的前提，现在比较典型的就是小米的爆米花还有各种线下的聚会。

好的领导：一个品牌社群必须要有一个好的领导，才可以把群成员聚集在一起，成为一个集体，典型的人物就是乔布斯。

现在大家可以看到，想要建立品牌社群，利用粉丝赚钱，把企业变成一个完整的消费者企业，就必须要把消费者驱动当作目标，客户需要什么就提供什么，还要不时地引导客户消费，还要让客户参与产品的生产和设计，在提高客户消费的同时让客户帮企业做宣传。

如果看了前面的内容，就应该明白，要建立一个如同苹果或者小米那样的品牌社群，短时间内不可能做到。首先，企业的战略中就要有建立粉丝经济的想法，要利用有关的社会资本、信任、口碑等概念来对现有的经营模式进行重新设定，这是基础工作；其次，就要建立起品牌和客户之间的信任关系，尤其是依托于移动互联沟通方式的信任关系；最后，建立完整的从单独的客户到单独的粉丝再到组建社群的经营模式。

企业首先要做的就是强化企业的粉丝经济思维角度，战略布局还有对未来的设想。因为企业有可能忽视了信任的实质还是组成品牌社群的元素，还有社交网络的不同种类会有不一样的关系，甚至是信任和买卖之间是互惠互利的，这些都有可能被忽略掉。还有，交流沟通时候的信息、社群的虚拟状态等等，都是企业需要考虑的。

现在利用微博、微信等移动沟通工具来吸引住客户，进而重建客户信任关系，企业就需要从战略的高度上来思考，而不是一上来就思考各种实际的战术。当然，准备工作就是要明白甚至去研究在运用这些工具和客户进行沟通的时候，这些工具各有什么特点和优点，这是企业很好地运用这些工具来制定策略的前提。

在确定了粉丝经济的战略和明白了粉丝经济的优点和特点之后，企业所要做的就是在日常经营活动中，通过行之有效的方式来把想法变为现实。一般来说，这个过程可以分为几步：首先就是针对单独的客户，依靠渠道分析，找到客户的切入点，构建信任关系，进行社交宣传和客户服务，实现信息交互；其次就是针对已经有了社群雏形的客户进行沟通和交流，利用线上和线下的活动和社交凭证，把整个流程打通；第三步就是有计划地培养粉丝和建立信任关系，构建粉丝网络，建立品牌的仪式等社群必备的要素，最后把社群建起来；第四步就是运营社群，让粉丝在社群中找到自己的位置，增加认同感，利用赠品和口碑进行品牌宣传，和人数更多的社群联盟，最终形成一个依托于大数据和云平台的虚拟社会。

因为重建信任关系和粉丝经济都是互联网时代出现的概念，所以不同行业的企业都要对本行业进行深入研究，并参考一些成功的案例，来规划企业的未来。同时，企业还必须把微信、易信等沟通工具弄明白，然后再加以利用。

最后，企业还要以重建信任关系和粉丝经济为核心不断探寻新的发展模式，把思维拓展到相关联的领域，比如社群经济、SocialCRM、自媒体、O2O等，在这些领域中，企业可以得到更多的启示。

小米是一家在2010年才成立的年轻企业，它的首款产品是一年之后发布的。公司成立还不到4年，小米的营业额就已经将近300亿元了，企业的价值评估更是超过了100亿美元。而让人疑惑的是，小米的营销成本几乎为零，只是利用论坛、微博、微信等社交工具来做营销，拉拢了大批的粉丝，很快就变成了一个"知名品牌"。

在以前的时代里面，都没有出现过粉丝主导的情况。而现在就是粉丝主导的时代，而且由于新媒介的不断产生和发展，更是加剧了粉丝的主导位置和粉丝人群的数量。比如像微博、微信这样的平台，让每个人在社会中都更加有发言权，参与度更高，也让整个世界变得更有意思。

第十一章

平台思维：搭建共赢平台，完善行业生态圈

互联网上市场的竞争不再是企业与企业之间的真刀真枪，而是变成了平台和平台之间的斗争，甚至会演变成以平台为核心的商业网络之间的战争，那么怎么创建平台，运营平台就是企业需要思考的问题了。

现代企业发展的动力——平台

传统企业的发展的动力如同美国学者钱德勒说的那样，就是追求规模经济与范围经济。何为规模经济，把规模做到最大。何为范围经济，就是什么地方都涉及。按照口号来讲就是做大做强。但在互联网时代，企业发展的动力就不是这些了。现在企业发展的动力是平台。海尔的目标就是把一切电器都变为互联网的终端，这些电器串联起来就构成了智能家庭。要完成这个目标，需要把各方的资源进行整合。那么这个过程最好由平台的方式来进行。海尔以后不再是一个企业，而转变为一个创新的平台。在这个平台上，也许就会有非常多的小企业，它们每一个都是独立经营的个体，而这一个个的个体与某个组织和在一起，就构成了一个利益共同体。

这段话是2013年海尔与阿里巴巴结成战略联盟之后，张瑞敏的感受。在2014年的海尔内部会议上，张瑞敏还提到了"把企业变成平台，彰显用户个性，员工创客化"这样三个理论。

如果单看经营模式的话，平台式企业确实做得很火。像淘宝、百度、京东等等。现在的大企业都在使用平台的经营模式在各个产业扩张。现在的全球500强企业，前100名之中有60家都是平台型企业。

那何为平台呢，其实关于这点，没有具体的定义。不过现在比较公认的说法是：平台是以平等为前提，由很多主体一起建立的，互相共享资源的，互利互惠的，比较开放的一种商业系统。

这里面一共包含了五个概念：一起建立、资源共享、互利互惠还有开放和平等。

第一，一起建立

所说的一起建立要关注三个方面：

1．一定是多个主体并存，多个主体一起参加进来的系统或者网络才可以被称为平台，只有一个主体是不能建立平台的；每一个主体都是一股力量，把这些力量聚集在一起构成一个新的系统，主题的数量与平台所蕴含的力量成正比，而这种汇集主体的能力，就是平台的竞争力。

2．自组织，平台要是一个对所有人都开放，而且众人都参与建设的自组织系统；参与平台型组织的人，有时候确实是有意为之，但是有时候也可以是无意识的，只不过是为了自己的目的，顺带着参与到了平台里面。这样无意识的，只为自己的目的做法就会造就一种天然的自组织。就好比人们去使用搜索引擎，你用了一次，就等于是为搜索引擎企业的数据库添加了一组数据，因为每次点击都是一组数据。

3．共同机制，共建机制最关键的一项内容就是开放的共建平台。来看一下手机是怎么发展的，诺基亚倒下的最根本的原因要说是在平台建设上失败，还不如说是在平台的开放和共建机制上没做好。现在的手机市场比拼的不再是品牌，比拼的是系统平台，iOS苹果、android安卓、塞班和WE。

第二，资源共享

所说的资源共享，就是把掌握的各种资源（包括生产资料、自有资源）一起来规划利用。在平台上，资源共享有两个不一样的地方。

1.互动性，不管是站在互联网的角度还是站在大数据的角度，资源共享一定是相互的，有了互动的交流才能创造价值。例如Facebook与微信这样的产品，最与众不同的地方就是多向互动，不管是什么人，什么组织，都可以在瞬间产生多维度的互动。资源共享的重点就是双方互利互惠，互补不足，都可以给对方带来好处。如果平台在设计的时候没有想到这样的互惠互利的环节，以后的运营就很难了。

2．共用平台，在互联网上常常可以见到把开放源代码这样的词语，开放源代码就是共享的一种手段。把源代码放开，可以让双方通过合作找到更好发展机会。之所以会有这样的手段，就是因为共用平台，都可以利用平台中的技术。还有一种共用平台，就是云技术服务，例如云计算、云储存等等。在以后，这样的平台就是社会的基础，就像现在的电网和通信网络一样。

第三，互利互惠

平台经营最有意思的地方就是，企业可以有各种各样不同的经营模式，而且连挣钱的方法也是越来越多，但是不管手段怎么变，平台企业的赚钱之道还是倾向于互利共赢。

这种互利互惠的思维可以这么来看待：平台型企业想要挣钱，那么企业所建立的平台的规模一定要大，而想要把规模做大，就必须拉来更多的主体进行参与，而主题进来也是为了挣钱，那么互利共赢就是双方合作的前提。因此平台的相关的设计就必须把互利共赢当作前提。

想要在平台的模式下实现共赢，就必须要了解平台多边性的特征。只有一边是没有办法构建平台的，要建立一个平台，就必须要弄清楚双边或多边的群体都是谁。像淘宝和智联这样的网站，就是双边平台，只有供需双方，而搜索引擎则是三边，除了供需双方还是广告方。

第四，开放

所说的开放，就是平台的建立不一定非要依托于互联网，不过互联网却是一个最好的开放平台，互联网是一个庞大的数据库，也可以进行信息化管理，这都是互联网的好处，因此依托于互联网可以把参与主体最大化地扩大。

那么开放的原因为何？企业越开放，与外界的连接点就越多。在互联网的世界，一个个体与一个企业的价值，就是看连接点的范围有多广，有多厚。连接点越厚越广，价值也就越大，这也是信息时代的基本特点，通过含有的信息量来决定价值。因此，想要继续在互联网中玩下去，就必须要开放，遵守游戏规则，否则，后果就是坐吃山空。

第五，平等

开放的平台必须是平等的。对于传统的企业来讲，想要掌控渠道是固定思维或者说是思维习惯。但是互联网思维就不是这样的，这是技术掌控的，就好比生产关系的形成是依靠生产力。在互联网中是没有核心的，它是一个网不是一个金字塔一样的层级结构。虽然每个点的比重不一样，价值不一样，但是没有绝对的核心。因此，正是由于这样的技术导致了互联网的内涵就是去中心化，是分布的、平等的、彼此交流的。平等也是互联网一个很重要的游戏规则。

平等合作的实质就是平台商和加入平台的人，都遵守游戏规则，在各个环节中都进行平等的交流，出了问题协商解决，并不是一方掌握另一方。因此，开放平台最先要解决的就是这样唯我独尊的固定思维，不能有我的地盘听我的，这样的思维。

社群平台，人最重要

从学术的角度来讲，一般是这样来定义社群的：社群就是一个实在的组织，只不过这个组织中的人有一样的价值、行为准则和目标，而且每个人都会把社群的目标当作自己的目标。因此，社群形成的条件有可能是地域也有可能是别的原因。

在社交圈子里面最显眼的就是一个个个体，最根本的就是用户制造内容。企业可以利用社交圈子细致全面地弄清楚客户里面不同身份角色的人特征是什么，喜好是什么，还有进行互动的方式是什么及内容是什么；同时企业也可以利用社交圈子和客户以及潜在客户进行沟通交流，弄明白他们的需求是什么。当然，企业还可以利用社交圈子来获取竞争对手的情报。社交圈子的样式和种类虽然很多，但是不管是完全开放的还是半开放的，B2B（企业对企业）还是B2C（企业对消费者），最重要的根本都是差不多的：把人聚集到一起，还有相互之间传递信息。在这些圈子中，有的是关注个人个性，有的就是关注群体风格，但是没有一个很关注商业广告。

社交圈子中的社群还包含虚拟社群的概念：一种依托于互联网，由一群兴趣爱好相同的人构成的群体，群体中的人会用这种沟通方式长期进行沟通。如果拥有相同兴趣爱好的人，利用互联网长期交流沟通，进行信息共享，一起探讨一些事情，并且分享自己的经验，那么当这样的关系趋于稳定的时候，就构成了在线的社群。这也是现在世界上比较认可的一种定义。

还有一些人是站在商业的角度去下定义：在线社群就是一帮兴趣爱好都一样，需求也一样的人，依托互联网聚集起来的群体，所以在线社群并不仅仅是一种社会现象。社群聚集起来的最初原因就是有一样的兴趣爱好，社群的成立之后的结果就是让购买力大大加强，这主要是由于在社群里面，群成员之间可以互相交流产品的各种信息，比如产品的价格、质量等等。这些人还觉得在线的社群给企业提供了与客户建立新的关系和深入交流的机会。这可以说就是互联网模式的再生。

在这儿，可以总结一下要建立在线社群的三个必要条件：社交圈子、一样的兴趣爱好，还有群成员之间的交流沟通。

企业可以在社交平台上构建自己的直面客户的社群，比如在Facebook、新浪微博、微信等平台上构建粉丝社群。传统的媒介很多都是单向传播的，而社交圈子则是相互的，但是有个问题，客户如果不喜欢，可以不选择，这种转换成本对于客户来说非常低。在圈子里面，粉丝们大部分时间都是在娱乐、学习、参与和放松。那么企业怎样把娱乐和商业完美地结合，这就需要有粉丝经济的思维。企业要明白，客户就是企业的宣传媒介，企业就必须放下身段，诚挚地邀请粉丝，让粉丝参与到品牌的建设过程里面。

如果企业只是想进行传播，那么很抱歉，在进行一次之后，很难再继续进行。如果想运营得更好，就必须要把客户拉进到企业的圈子里面，或者是企业进入客户的圈子，然后进行互动交流，开始进行信息的传递，这样才会做得更好。

作为企业来讲，如果具有很优秀的产品或者服务，或者是有积累下来的资源，那么这些都会让企业处于领先位置，并且可以让社群里的粉丝得到更多。比如生产运动衣服的企业，那么就有可能知道户外运动做什么比较好，运动装备怎么来搭配，如果企业可以解答客户这样的问题，那么就肯定会受欢迎。

当然，企业还可以用内置形式的应用软件来拉拢客户，或者通过微博、微信这样的工具来聚集粉丝。这里面有的是用来娱乐的，有的就是纯商业用的，也有些是两者的结合体。对于人们来说，不光要娱乐，还要生活，所以生活的一些必需品也是他们的需求。

在社交圈子里面，也有一些圈子是面向企业的，就好比LinkedIn，而其他一些社交平台也都会为企业提供专门的服务。当然，在以后会有越来越多商业化的社交圈子出现，这些圈子可以帮助企业改进经营模式，也可以帮助企业更好地完成粉丝社群的相关事情。

内容是一个社交圈子的核心，不管是文字、图片还是视频，哪怕是评论、建议，都是用户创造出来的可以分享的内容。而在社交圈子中传播最多的就是关于某个产品或者服务的相关评论和意见，这也是内容一种重要的形式，这些内容可以被企业直接拿来运用。

在社交圈子中，抛开个人玩耍娱乐的内容，还有很多含有评论意味的内容，比如对于新闻时事、网上购物、客户买到的产品或者服务，还有关于某个品牌的评论及评价。这些内容都会对企业产品的设计、营销策略还有最终转化。这些内容大部分时候都不是结构化的信息，都是一些感想或者评论，而潜在的客户恰恰是通过这些信息来权衡自己到底买还是不买。在这个时候，企业有可能会有客户来评论，也有可能没有，但是企业无法掌控，到底有还是没有人去评论自己的产品或者服务。

评论的内容一般就是随便说说自己的感觉，什么感觉好，什么感觉不好，企业和企业的潜在客户都可以专注和利用。评论一般都是给产品或服务一个分值，一般都是10分或者是5分，比如是5分的话，那就是5分最好，1分最差。当然得分越多越好，这样关注的人就会越多。建议或者推荐就是去评价一个产品或服务是好还是不好，是不是值得去花钱，比较像是一个投票的环节，而在互联网，众多的人的影响力是非常可观的。但不管是评论也好，推荐也好，都是消费者对企业的信任度的反映。因此评论的内容很重要，企业也要参与其中。

企业要建立完善细致的评价体系，让消费者可以很好地很客观地进行评价，来让别人也知道自己对企业的产品和服务的感觉，也可以对企业给出自己的好的意见，甚至是参与到企业产品或服务的设计过程中。只不过很遗憾，现在的很多企业忽略了这一点，而这一点往往是增加企业和消费者之间信任度的关键。

也许企业的产品还可能存在不足，这没关系，企业可以通过客户留下来的各种评论、评价、建议来把自己的产品或者服务做得更好，因为好的产品总是要经过打磨，总会有一个过程；也许企业的产品是很好的，那企业就更应该为消费者评论和评价提供便利，让消费者更好地去进行评论或评价，让客户来进行宣传，去影响其他的客户，让更多的人知道企业产品的优势和好处。

还有，企业可以把评论、打分、建议都放到一起，形成一个完善的系统。比如亚马逊，亚马逊的评论，打分与建议就是一个完整的系统，可以更好地影响消费者，让消费者得到想要的信息，企业也可以更好地与新客户建立起信任关系。消费者在得到别人的评论信息的同时，自己也可以去发布自己的感受，这样其他人也可以看到自己的评论，这样来来回回，消费者对企业的信任就一点点地巩固住了。

很明显，这些评论和评价还有建议都是消费者在做购买决定时的重要参考。这些内容可以影响消费者，也可以指导消费者，而且与满意度的联系也越来越紧密。企业要明白，客户如果感觉很好或者很不好，这都是对话的开始。企业要给消费者提供开始对话的平台，并吸引和支持粉丝们在平台里面互相交流讨论，创造出更多的产品价值信息。

社交互动信息

通过上面的内容可以明白，企业要积极融入社交圈子中，并把这些平台实实在在利用好，但是企业常常就需要面对大量的信息，例如平台里面的成员、话题、图片，还有各种文字。海量的社交圈子，数不清的文字、图片、视频还有各种临时对话，还有各种时事新闻、娱乐电影等等，这些都是无序的以及非结构化的社交信息。

在社交过程中，人人都是平等的，而信任就是社交的全部。如果有一个客户对企业不满，那肯定是对企业的信任产生了动摇，如果一个企业没有了客户的信任，那么在社交的圈子里面，企业也就没有什么话语权了。因此企业建设自己的忠诚用户群是很关键的。

企业要有可以很好地进行粉丝运营的能力，这是把社交信息流搞明白并加以利用的前提。首先，企业要学会倾听，然后根据听到的内容来完善自己在网络中的对话模式和经营模式；其次，企业还要建立起自己的社交网络，通过这种手段来鼓励消费者进行口碑宣传；最后，企业需要对相关的信息进行管理，并在整理的同时把信息注入社群平台。

当然，依托于互联网的社交圈子让粉丝社群变得更加虚拟，社交圈子中的众粉丝聚集在一起形成的社区或者社群，一般都包含了线上和线下的所有经验。每个人在每天不但接受了很多的信息，还创造了很多的信息。而移动社群就是移动终端与社群的结合体，移动终端所能够提供的比如位置服务（LBS）或者扫描二维码服务，都和微博、微信等发生了剧烈的化学反应，反应的结果就是把智能手机和在线的社交圈子连接到了一起，可以把线上和线下的活动进行整合，以后线下和线上的分界将会被淡化。打个比方来说，在微博上，人们常常可以看到这样的信息"我在×××，有人要一起吗"，后面就附带着地图；在微信里面，消费者可以查询附近哪家店离自己最近。

如果企业要对自己的社交沟通信息进行管理与追踪，那么就必须对海量的社交数据进行管理和整合，而且企业还得注意这些信息的来源。更重要的是，在社交圈子中，最关键的是关系，而建立关系就需要整合时间和信息来作为基础。

在传统的媒介中，企业常常是利用第三方的系统来对企业进行建设和管理。在社交网络里面，也是可以利用第三方系统的，但是不能仅仅依靠着第三方的系统，还必须要亲自参与。企业必须要牢记：融入圈子并保持互动。这样才可以在大量信息的条件下构建起牢固的信任关系，让建立起来的粉丝社群不断地运营下去。

战争的最终形式一定是商业网络之间的比拼

价值网络的终极形式就是商业链条或者是一个商业网络。未来的竞争将不只是企业和企业之间拼的你死我活，而是平台和平台之间的争斗，甚至是商业网络之间的碰撞，如果只有一个平台，是不能够成完整的网络的，也就不具备完整的竞争力。百度、阿里巴巴还有腾讯这三架马车，依托于互联网的搜索、电子商务和社交平台，都建立起了自己的商业网络，就算是京东这样的后起之秀也没办法与之抗衡。

平台模式和核心就是，要构建一个多主体的互利共赢的网络。

现在由于互联网的快速发展，使得人们可以很方便地进行各种活动，自然与这些活动相关的各种需求也就大幅增加，比如在购物的时候会挑选最便宜的，付款的时候要最便利的，还会去各种各种的论坛社区，发表各种各样的帖子，等等。而为了满足人们这样的要求，企业就会建立起自己的商业网络，而这个商业网络就可以依托现在互联网企业的服务器，就是人们所熟知的阿里巴巴、腾讯、淘宝、京东、亚马逊等等。

哪个企业可以更好地把现在市场利益各方所想得到的以及未来想得到的事物弄清楚，哪个企业就可以打造出更完整的平台。哪个企业可以把握住更有价值的多方需求，哪个企业的平台就更有价值，并且可以进一步构建自己的商业网络。

先知先行·推荐阅读

《一本书读懂大数据》

看懂大数据　掌握时代先机

化繁为简说数据

每个人都看得懂的大数据入门书

作　　　者：黄　颖　编著

定　　　价：36.00元

内容简介

　　我们生活在社会中，就不得不同数据打交道。我们也是数据的一部分，不论我们想不想与大数据牵扯到一起，数据都会找到我们，覆盖我们。大数据时代已经来临，如何从海量数据中发现知识，寻找隐藏在大数据中的模式、趋势和相关性，揭示社会现象与社会发展规律，以及可能的商业应用前景，都需要我们拥有更好的数据洞察力。得数据者得天下，知己知彼才能为企业和个人的发展提供关键制胜点。拨云见日，把高深的大数据原理简单说，让每个人都能读懂大数据，会用大数据。